PRÉVOIR LE TEMPS
en 10 leçons

Comprendre et interpréter la météorologie

Collection dirigée par
Michel Weber

Illustrations
Jean-François Pénichoux

ISBN : 2-8307-0431-2

PRÉVOIR LE TEMPS
en 10 leçons

Comprendre et interpréter la météorologie

Pierre Kohler

minerva

Sommaire

La pluie et le beau temps

La météo est sans doute la première de nos préoccupations quotidiennes. Il est vrai que nous sommes tous concernés par le temps qu'il fait, et tous curieux de connaître celui qu'il fera. C'est pourquoi nous commençons souvent notre journée par un coup d'œil sur le ciel et nous la terminons en prenant connaissance du temps qu'il fera le lendemain.

Il faut dire que l'état du ciel et la température de l'air conditionnent en grande partie notre tenue vestimentaire pour la journée. Reconnaissons aussi que le temps influe sur notre humeur : si le soleil brille – à moins d'avoir de sérieux ennuis – nous sommes plutôt gais et bien disposés ; qu'il pleuve, et nous voilà moroses ou irritables. Tout un chapitre de la météorologie – la bioclimatologie – s'intéresse d'ailleurs à ces effets du temps sur la santé, physique et psychologique, des êtres humains.

Un pique-nique gâché, des récoltes détruites, des toitures arrachées, des avions en perdition nous rappellent sans cesse à quel point nous sommes tributaires du temps. En été, l'agriculteur cherchera à savoir s'il peut attendre une journée de plus pour rentrer son foin. En hiver, le responsable de la voirie voudra connaître les risques de verglas pour prévoir le sablage des routes. Et, en toute saison, le marin pêcheur s'informera avant de prendre le large, pour éviter d'être pris dans une tempête. Ce sont là quelques exemples, parmi beaucoup d'autres, qui montrent, s'il en était besoin, l'importance du temps dans les domaines les plus variés des activités humaines. Cette importance n'était d'ailleurs pas moins grande autrefois, à en juger par la place que les religions primitives accordaient aux dieux du temps, de Zeus à Éole. Plus près de nous, il n'est qu'à voir les effets économiques et politiques de quelques mois de sécheresse…

Il est donc important de pouvoir prévoir le temps. Notre confort et, dans une certaine mesure, notre survie en dépendent. L'atmosphère qui nous entoure est malheureusement un milieu fluctuant, capricieux, en agitation perpétuelle.

De multiples influences – pas toutes connues d'ailleurs – agissent pour donner une infinité de combinaisons possibles. Tantôt les dépressions se comblent sur place, tantôt elles changent brusquement de direction. Les prévisions les plus sérieuses, effectuées avec les moyens les plus modernes, se trouvent encore parfois mises en défaut à brève échéance. Et on ironise souvent sur les météorologistes, en disant qu'il suffirait de prendre le contre-pied de leurs prévisions pour connaître le temps qu'il fera réellement… Mais ne raillons pas trop la météo officielle, car son travail est ingrat. Si les astronomes peuvent dire ce que sera le soleil dans 5 milliards d'années, les météorologistes, eux, ne sauraient prévoir avec certitude le temps de la semaine prochaine !

Chacun de nous, qu'il soit agriculteur, pêcheur, plaisancier ou simple touriste, est amené, à un moment ou à un autre, à se poser la question :

quel temps va-t-il faire ? Or, les particuliers que nous sommes sont relativement favorisés par rapport aux prévisionnistes ,officiels, car la prévision qui nous intéresse reste locale. On peut alors, avec des moyens très simples, établir des prévisions personnelles locales d'un assez bon degré de fiabilité. L'identification des nuages, la direction du vent, la tendance barométrique et quelques indices « naturels » sont suffisants pour établir de bonnes prévisions pour la journée en cours et celle du lendemain. Cette météo, que on peut pratiquer tout bonnement le nez en l'air, a son charme, et nous vous proposons d'en découvrir toutes les recettes.

Plus simplement, on peut aussi apprendre quelques dictons, qui couvrent la plupart des configurations possibles du temps. Mais si vous avez la fibre plus scientifique, vous pourrez – à partir d'une station météo personnelle – jouer les prévisionnistes avertis. Le relevé automatique des paramètres de l'atmosphère, leur traitement sur ordinateur par un logiciel approprié, leur stockage en vue d'évaluations statistiques et même la réception des clichés transmis par les satellites météo placés en orbite géostationnaire, sont accessibles aux particuliers motivés.

Comme une bonne prévision météo ne peut se faire que si on connaît les différents « ingrédients » qui font le temps, nous passerons ces éléments en revue. Nous verrons aussi comment travaillent les professionnels, et quelles sont les influences de la météorologie sur notre santé. Enfin, pour ceux qui ne souhaitent pas faire de prévisions par eux-mêmes, mais accéder de façon personnalisée aux prévisions des professionnels, on trouvera toutes les pistes pour en savoir plus.

1

L'air du temps

Au départ de tous les phénomènes météorologiques, un seul responsable : le soleil. C'est lui qui chauffe, directement et indirectement, la surface terrestre, à des degrés variés selon la nature du sol, la saison ou l'heure de la journée. Le fluide gazeux qu'est l'air transporte la chaleur du rayonnement solaire, et ce sont ses mouvements qui finalement font le temps. La pression atmosphérique au niveau de la mer est loin d'être constante et varie en fonction du mouvement des différentes masses d'air. Celles-ci étant associées aux divers types de temps, on comprend qu'il sera possible de suivre le déplacement des masses d'air à partir des variations de la pression atmosphérique au sol, d'où l'importance du baromètre pour les prévisions météo.

L'air que nous respirons

Les phénomènes météorologiques s'enchaînent et s'imbriquent en cascade, mais ils sont eux-mêmes très simples. Cependant, les innombrables interactions qui s'ensuivent font qu'il est très difficile de prévoir l'évolution du temps. Il n'est pas question de faire de bonnes prévisions sans posséder un minimum de connaissances sur cette atmosphère dans laquelle se déroulent tous les phénomènes météorologiques.

■ L'atmosphère

L'atmosphère est à la fois un filtre (qui ne laisse passer que certains rayonnements émis par le soleil) et un régulateur thermique (qui tend à égaliser les températures à la surface de la planète).

→ La composition de l'atmosphère

Sa composition est constante sur l'ensemble du globe : 78 % d'azote, 21 % d'oxygène et 1 % d'argon.
Les autres gaz (néon, hélium, krypton et xénon) sont présents en de si petites quantités que l'on exprime leur concentration en parties par million plutôt qu'en pourcentage.
Il y a également de la vapeur d'eau en quantité variable (jusqu'à 4 % en volume) ainsi que du dioxyde de carbone (0,035 %). L'atmosphère n'est pas seulement constituée que de gaz. Elle renferme aussi, en suspension, un grand nombre de particules microscopiques d'origines variées : cristaux de sel des océans, poussières volcaniques, poussières de fumées industrielles, grains de sable extrêmement fins, grains de pollen, spores, etc.
Tous ces corps minuscules, qui flottent dans l'air au gré des vents, ont une grande importance car ils vont constituer des noyaux de condensation permettant la fabrication de gouttes de pluie ou de cristaux de neige.

→ La structure de l'atmosphère

La structure thermique de l'atmosphère se subdivise en cinq couches : la troposphère, la stratosphère, la mésosphère, la thermosphère, et l'exosphère. Dans la troposphère, la température décroît à raison de 5 à 10 degrés par kilomètre, selon le degré d'humidité.
Dans la stratosphère la température, de -50 °C, remonte jusqu'à 0 °C.
C'est au milieu de cette zone que se situe la couche d'ozone et que, vers 30 km, le ciel devient totalement noir.
La mésosphère s'étend entre 50 et 85 km d'altitude et subit une nouvelle baisse de la température, qui atteint -90 °C au sommet de la couche. Vers 70 km, les sons cessent d'être transmis.

La thermosphère est la zone où circulent la plupart des satellites artificiels; l'enveloppe ultime étant l'exosphère dont la limite supérieure est imprécise. Contrairement à cet autre milieu fluide qu'est l'océan, l'atmosphère n'a pas de limites bien définies.
Elle devient de plus en plus ténue à mesure qu'on s'élève en altitude et finit par se fondre graduellement dans le milieu interplanétaire; la démarcation est donc extrêmement floue, et d'ailleurs fluctuante, car l'activité solaire agit sur la densité de la haute atmosphère.
Les phénomènes météorologiques se localisent dans cette mince couche de la troposphère, qui s'étire entre le sol et 8-17 km d'altitude, selon la latitude (elle est en effet deux fois moins élevée au-dessus des pôles qu'au-dessus de l'équateur).
Elle n'est pourtant, par rapport à l'ensemble de la planète, qu'une fine pellicule de gaz. Son épaisseur représente en effet seulement 1/1 000 du diamètre de la Terre ! De plus, sa densité diminue rapidement avec l'altitude: au sommet du mont Blanc on a déjà au-dessous de soi pratiquement la moitié de la masse atmosphérique... Et à l'altitude d'un ballon-sonde cette proportion passe à 99 %.
Autrement dit, 1 % de l'air atmosphérique se trouve étalé entre 30 et 3 000 km. Si, au niveau du sol, chaque centimètre cube d'air renferme 20 milliards de milliards de particules, on n'en compte plus qu'un million à la base de l'exosphère et seulement 10 000 vers 2 500 km.
La pression atmosphérique au niveau de la mer est elle-même loin d'être constante et varie en fonction du mouvement des différentes masses d'air. Celles-ci étant associées aux divers types de temps, on comprend qu'il sera possible de suivre le déplacement des masses d'air à partir des variations de la pression atmosphérique au sol, d'où l'importance du baromètre pour les prévisions météorologiques.

■ Anticyclone contre dépression

L'atmosphère est constamment déséquilibrée par les différences de pression entraînées par les différences de température.
C'est le rééquilibrage, vers lequel tendent toutes choses, qui produit le vent, de même que la différence de température entre l'intérieur et l'extérieur d'une maison crée un vent que nous appelons « courant d'air ».
En théorie, le vent arrive des hautes pressions (anticyclone) pour se diriger vers les basses pressions (dépression). Un anticyclone se caractérise par une pression maximale au centre de l'ordre de 1 020 à 1 050 hectopascals, dimi-

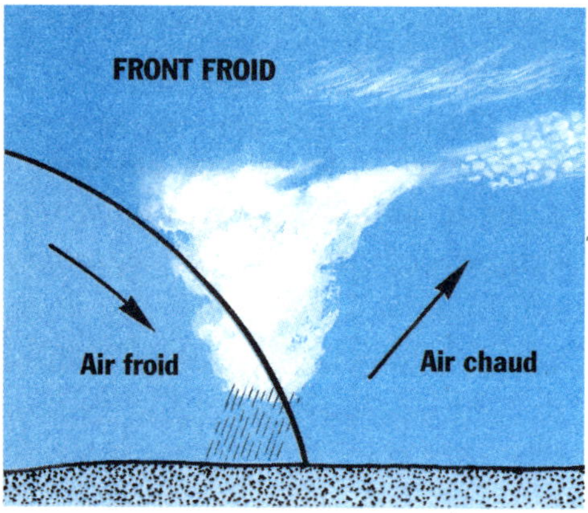

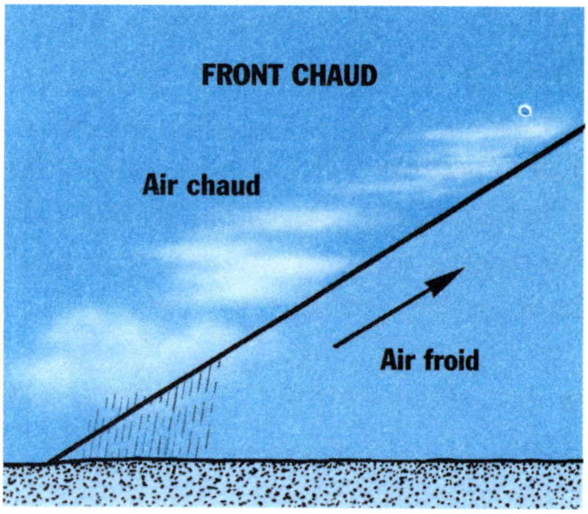

nuant vers la périphérie. Pour une dépression, c'est évidemment l'inverse : la pression est minimale au cœur (inférieure à 1 000 hectopascals) et augmente vers l'extérieur.

→ Hautes et basses pressions

■ L'AIR AU CENTRE D'UN ANTICYCLONE descend vers la surface, subissant une compression et donc un échauffement. Au sol, l'air s'écoule du centre vers l'extérieur, dévié en un mouvement circulaire. La circulation des vents s'effectue donc dans le sens des aiguilles d'une montre dans l'hémisphère nord.
L'échauffement du courant d'air descendant au centre limite la probabilité de formation de nuages, c'est pourquoi les anticyclones sont souvent associés à un temps clair et ensoleillé. Des anticyclones stationnaires engendrent de temps à autre de longues

→ LOCALISER LES HAUTES ET BASSES PRESSIONS

Pour localiser ces « centres d'action » il suffit, en ayant le vent dans le dos, de tourner sur soi-même de 45 degrés (un huitième de tour) vers la droite. En écartant les bras, l'anticyclone se trouve alors à droite, et la dépression à gauche (c'est l'inverse dans l'hémisphère Sud).

Les zones de haute ou de basse pression se déplacent vers l'observateur lorsqu'elles sont initialement situées à l'ouest, car c'est la direction dominante du vent pour les latitudes moyennes, mais ce n'est pas obligatoire. De plus, les cellules anticycloniques ou dépressionnaires peuvent rester longtemps stationnaires, voire se résorber sur place.

périodes de beau temps accompagnées de températures extrêmes – canicule et sécheresse l'été, froid glacial l'hiver. Les dépressions circulent quant à elles à longueur d'année au niveau de 50 degrés de latitude, un peu plus haut en été, plus bas en hiver.

■ ANTICYCLONES ET DÉPRESSIONS déplacent ainsi les masses d'air, et celle qui nous survole à un moment donné détermine le temps qu'il fait. La prévision consiste donc à savoir comment elle va évoluer, et laquelle va lui succéder.
En connaissant le sens du vent on obtient ainsi une première indication quant à l'évolution du temps à venir, en localisant les deux grandes masses d'air les plus proches.
De façon générale, l'anticyclone apporte du beau temps (sec mais pas forcément chaud) ; la dépression crée des perturbations associées à un temps maussade, avec des précipitations abondantes.
Ce n'est pas toujours aussi systématique, car en hiver une inversion de température dans un anticyclone peut donner du brouillard et des nuages stratiformes persistants.

→ Açores contre Islande

Pour ce qui nous concerne, il faut prendre en compte deux « centres actifs » quasi permanents sur l'Atlantique, qui dirigent en quelque sorte le climat de l'Europe occidentale : un anticyclone dit des Açores (positionné en fait au milieu de l'Atlantique, vers 30 degrés de latitude) et une dépression dite d'Islande (positionnée plutôt au sud du Groenland, vers 60 degrés de latitude).
Un troisième larron, situé sur le continent eurasien (puisqu'il se déplace entre la Scandinavie et la Sibérie), vient troubler le jeu en prenant deux visages : un anticyclone en hiver, une dépression en été.
D'autres petites dépressions apparaissent en des points particuliers de la mer Méditerranée, notamment aux Baléares et dans le golfe de Gênes.

■ ENTRE L'ISLANDE ET LES AÇORES le vent souffle ainsi en laissant la dépression sur sa gauche, et il s'ensuit un flux d'ouest dominant.
Les positions respectives de ces trois centres déterminent le temps de l'Europe occidentale. Car au lieu d'aller directement des hautes vers les basses pressions, le vent laisse les dépressions sur sa gauche (règle de Buys-Ballot). C'est ce vent dévié (dit « géostrophique ») qui explique que le flux dominant soit orienté à l'ouest.

■ NOTRE MÉTÉO dépend donc beaucoup de la position de l'anticyclone des

Açores, qui ne dépasse généralement pas le 45e parallèle, alors que la zone dépressionnaire d'Islande peut descendre très bas en latitude.

La position et l'importance respectives de l'anticyclone des Açores et de la dépression d'Islande déterminent la hauteur à laquelle se rencontrent les masses d'air polaire et les masses d'air tropical.

Cette zone de conflit est le lieu de naissance des perturbations : on l'appelle front polaire.

Les systèmes frontaux sont bien visibles sur les images des satellites météo : ils ont une forme de « lambda », surmonté d'un enroulement.

Les dépressions se creusent à la jonction du front froid avec le front chaud. Tournant autour de la dépression d'Islande d'une part, de l'anticyclone des Açores d'autre part, les masses d'air sont séparées par le front polaire.

La limite serait stable si les deux flux étaient constants, ce n'est pas le cas. L'un ou l'autre l'emporte, la limite ondule, s'amplifie, et le tout se déplace. Au sol, l'observateur voit passer un front chaud puis froid, plus ou moins alternés, les conditions de température et d'humidité donnant naissance à tous les phénomènes météo possibles.

■ LES COURANTS PERTURBÉS circulent, d'une façon générale, à la bordure des anticyclones.

→ LES COURANTS-JETS

Vents très rapides (pouvant atteindre 350 km/h) qui circulent à la lisière de la troposphère et de la stratosphère, à l'altitude de vol des long-courriers à réaction. Ces vents se maintiennent dans un ruban tubulaire et résultent du fort contraste thermique existant à cette altitude, vers 10 000 m.

Ces courants ont généralement 150 km de large, leur vitesse moyenne étant de 150 km/h en hiver (moitié moins l'été). Ils sont mis à profit par les avions qui volent vers l'est, et gagnent ainsi un temps non négligeable (1 heure sur un vol New York-Paris).

Disposés en guirlande tout autour de la Terre, ils forment une série quasi permanente d'une quinzaine de centres d'action.

Si la Terre était homogène (avec un océan ou un continent unique recouvrant toute la surface) les choses seraient simples.

Mais leur répartition inégale et de nombreux effets perturbateurs (volcans, industries, urbanisation, lacs artificiels, forêts déboisées, etc.) rendent les mouvements atmosphériques complexes, et par conséquent imprévisibles.

■ EN HIVER, l'anticyclone des Açores est bas en latitude (il ne dépasse guère le 40e parallèle) ce qui permet à la zone dépressionnaire d'Islande de s'aventurer vers le sud. Le front polaire est alors situé à nos latitudes.
L'affrontement des masses d'air y crée des perturbations qui, emportées dans le courant général d'ouest, atteignent fréquemment les îles Britanniques et la France. On parle alors de régime perturbé d'ouest.
Mais l'hiver n'est pas pour autant une suite continue de tempêtes. Il arrive que l'anticyclone sibérien s'étende jusqu'à nos régions, déviant alors les perturbations vers le sud ou vers le nord, en nous faisant bénéficier d'un beau temps, sec et froid.

■ EN ÉTÉ, l'anticyclone des Açores s'étend vers le nord et la zone dépressionnaire d'Islande est très élevée en latitude, si bien que les perturbations du front polaire sont rejetées au-delà du 60e parallèle. Elles défilent entre le Groenland et la Scandinavie sans nous atteindre.
On se trouve alors en régime anticyclonique, mais il ne fait pas pour autant toujours beau en été.
Il arrive, certains étés, que l'anticyclone ne monte pas aussi haut que d'habitude. On parle alors d'été « pourri » car le front polaire reste bloqué à nos latitudes.

■ Les masses d'air

Sur de grandes étendues, notamment au-dessus des océans et des régions continentales intérieures, température et humidité de l'air sont à peu près uniformes.
Ces portions d'atmosphère relativement homogène forment des masses d'air. Le jeu des anticyclones et des dépressions assure leur circulation.

→ Les masses d'air sur nos régions

Aucune masse d'air ne se forme sur nos régions, où les conditions sont trop variables.
En revanche, nous subissons le passage de celles venues d'ailleurs. Ces masses d'air ont des origines très diverses et sont fort différentes selon le parcours qu'elles ont suivi : les masses d'air froid, descendant des pôles, et les masses d'air chaud, montant des tropiques, n'ont en effet pas les mêmes caractéristiques selon qu'elles ont voyagé au-dessus de l'océan ou des continents.
Un océan charge l'air d'humidité, tandis qu'un désert l'assèche. Mises en mouvement par les grands courants atmosphériques, les masses d'air se réchauffent ou se refroidissent, s'humidifient ou s'assèchent, et vont modifier le temps au-dessus de régions parfois éloignées.

Ainsi, le temps de l'Europe occidentale, située sous une latitude moyenne, est finalement influencé par quatre masses d'air contrastées : deux d'origine polaire et deux d'origine continentale, chacune d'elle étant à caractère maritime ou continental.

■ L'AIR POLAIRE MARITIME se forme au-dessus de l'océan Arctique, puis se déplace vers le sud. En passant au-dessus des eaux plus chaudes de l'Atlantique ou de la mer du Nord, l'air polaire se charge en vapeur d'eau, pour donner finalement un temps humide, frais et nuageux, avec parfois des averses de neige ou de grésil.

■ L'AIR POLAIRE CONTINENTAL arrive des étendues gelées de la Sibérie. Quand il atteint l'Europe, il donne un temps très froid, mais dégagé.

■ L'AIR TROPICAL MARITIME est centré sur l'archipel des Açores, au sud de la ligne Lisbonne-New York. Il apporte en hiver un temps doux et nuageux, tandis qu'il perd son humidité en été pour donner de belles journées claires et ensoleillées.

■ L'AIR TROPICAL CONTINENTAL, en provenance des déserts d'Afrique du Nord et d'Arabie, apporte chaleur et sécheresse, l'été, sur la côte méditerranéenne.

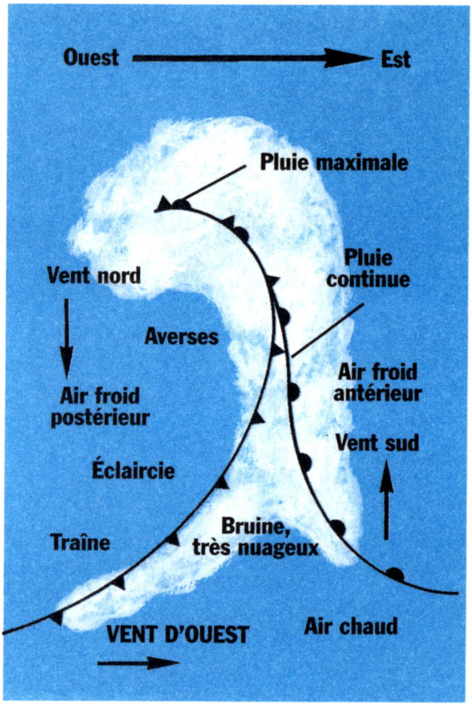

L'air équatorial, dans lequel naissent les cyclones tropicaux, ne nous concerne pas car il atteint rarement nos latitudes.
Lorsque c'est – exceptionnellement – le cas, il donne lieu à de très violentes tempêtes qui correspondent à la « queue » d'un ouragan ayant repris sa course vers le nord-est : ce fut le cas d'Hortense qui, en 1983, dévasta le sud-ouest de la France.

→ Le temps selon le vent

Ces différentes masses d'air (auxquelles on peut ajouter l'air arctique),

arrivant des différents points cardinaux, donnent toutes les sortes de temps que nous connaissons.
Une prévision rapide et simplifiée, reposant uniquement sur la direction du vent, peut en découler.

■ VENTS D'OUEST OU DE NORD-OUEST (air polaire maritime).
Lorsque l'anticyclone des Açores émet une « langue » de haute pression en direction des Alpes, il crée un flux d'ouest. Humidifié et réchauffé par son passage sur l'océan, l'air venu de l'Atlantique Nord (juste en dessous du cercle polaire) perd sa stabilité.
Il donne alors naissance à des cumulus et à des cumulonimbus générateurs d'averses côtières violentes, accompagnées de coups de vent.
Sur le continent, il se stabilise un peu et donne des nuages stratiformes, qui conduisent à un mauvais temps durable avec de la bruine, surtout à la fin du printemps.
Au début de cette saison, on enregistre souvent des averses de neige, entrecoupées de périodes douces.
Sur la Méditerranée, ces masses d'air deviennent encore plus instables, leur arrivée étant marquée par la formation de nuages cumuliformes sur les reliefs.
En été, cet air devient instable dès son arrivée sur le continent, car celui-ci est alors plus chaud que l'océan.
Le temps reste cependant assez beau, quoique frais, avec une visibilité remarquable et parfois la formation de cumulonimbus faiblement orageux.
Ce temps concerne rarement les régions méditerranéennes, mais quand c'est le cas il déclenche de violents orages.

■ VENTS D'EST ET DE NORD-EST (air polaire continental). Issu de l'anticyclone de Sibérie, cet air recouvre en hiver de vastes étendues, de la Scandinavie aux Balkans.
Ses caractéristiques sont différentes selon la saison : stable en hiver, parfois instable en été. Il est en tout cas toujours sec.
En hiver, il donne un temps froid et un ciel bien dégagé, parsemé à l'occasion de petits cumulus.
La nuit, peuvent se former des brouillards de rayonnement qui se dissipent le jour, faisant place à un ciel bleu.
L'été, cette masse d'air apporte aussi du beau temps, avec un air doux, mais le ciel est alors un peu terne. Sur la Méditerranée, la masse d'air devient plus instable, se chargeant d'humidité, donnant des nuages cumuliformes à développement vertical, qui peuvent conduire à des averses ou des orages.

■ VENT DE SUD OU DE SUD-EST (air tropical continental). Centré sur l'Asie mineure, l'anticyclone qui correspond à cette masse d'air chaude et sèche donne des vents originaires des Balkans ou du Sahara, donc chauds.

Le type de temps correspondant concerne surtout le Midi de la France, et il est plus fréquent en été qu'en hiver. Sec à l'origine, l'air tropical continental se charge d'humidité en traversant la Méditerranée, provoquant des perturbations à caractère orageux sur le sud-est de la France, lorsqu'il rencontre (surtout en automne) l'air froid venu de l'Atlantique.

Au-delà de la barrière montagneuse formée par les Alpes et le Massif central, ce type de masse d'air – qui a perdu son humidité en s'élevant – est également à l'origine des effets de fœhn.

■ VENT DE SUD-OUEST (air tropical maritime).

Il apporte un air chaud et humide, issu de régions situées entre 30 et 40 degrés de latitude, où règne l'anticyclone des Açores.

Refroidi par la base en progressant vers le nord, cet air est devenu très stable en atteignant nos latitudes.

Comme il est saturé d'humidité par son passage sur l'océan, il se condense en brouillards et en nuages du type stratus, qui donnent de la bruine en hiver.

Ce vent provoque des brouillards sur la Manche, des averses orageuses sur le golfe de Gascogne et un temps instable sur la Méditerranée en été.

COUPE VERTICALE ET HORIZONTALE D'UN SYSTÈME FRONTAL

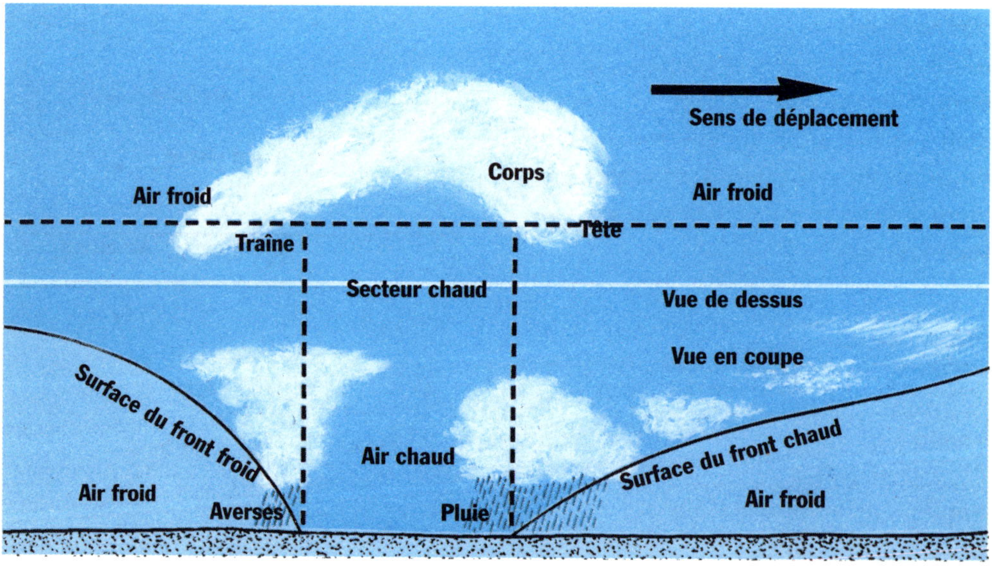

■ VENT DU NORD (air arctique). Issu de l'anticyclone polaire situé sur l'Islande, et relié à celui des Açores par une langue de haute pression, il atteint l'Europe occidentale deux jours plus tard, après être passé sur la mer de Norvège. Stable au départ, car sec et froid, cet air se charge d'humidité sur l'océan et devient de plus en plus instable, les couches inférieures se réchauffant rapidement.

On assiste alors à la formation de cumulus et de cumulonimbus générateurs d'orages, de grêle, d'averses de pluie ou de neige. Entre les grains, la visibilité est étonnante. Ce sont surtout les côtes de la Manche qui sont affectées par ce mauvais temps, car lorsqu'il atteint le continent l'air se refroidit. Le ciel est souvent clair, mais le vent et le froid persistent. Ce type de temps est très rare l'été.

Retenons, d'une façon générale, que le beau temps a pour origine une masse d'air continentale, qu'elle soit polaire ou tropicale, correspondant respectivement à des vents d'est-nord-est et de sud-sud-est.

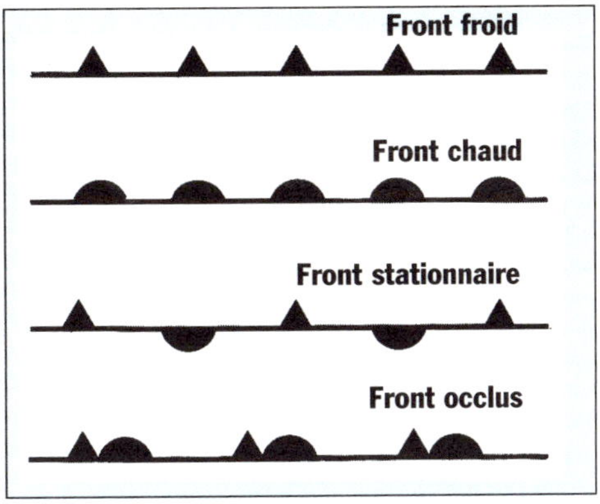

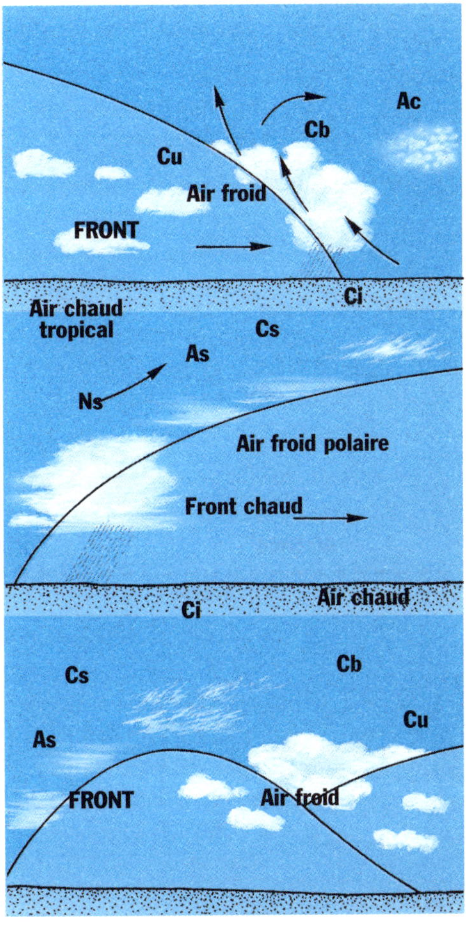

Observer et reconnaître les différentes configurations de fronts, qui donnent chacune naissance à des nuages caractéristiques, permet de se situer par rapport à ces fronts.
(Pour savoir à quels noms de nuages correspondent les abréviations utilisées, consultez Les mots de la météo, en fin d'ouvrage.)

→ PRÉVISIONS AU SEIN D'UN FRONT

AU SEIN D'UN FRONT FROID

- On note d'abord un renforcement des vents de secteur sud ou sud-ouest, avec apparition d'altocumulus par le nord ou le nord-ouest. Le baromètre commence à baisser.
- À mesure que le front approche, la base des nuages s'abaisse. Le baromètre descend toujours et la pluie commence à tomber.
- Au passage du front, le vent vire rapidement au nord-ouest, soufflant en fortes rafales. Tandis que la pluie tombe toujours, le baromètre est au plus bas.
- Une éclaircie apparaît, et le baromètre remonte assez vite, mais la température est en baisse. Les vents se font plus réguliers, soufflant de l'ouest, donnant un temps sec et clair.

AU SEIN D'UN FRONT CHAUD

- Des cirrus apparaissent très haut dans le ciel, à la limite de la troposphère, au sommet de la pente d'air froid. Ils se transforment progressivement en cirrostratus, de plus en plus denses à mesure que le front approche. Le baromètre est en baisse.
- Le ciel devient pommelé, avec l'apparition de cirrocumulus, qui témoignent de l'instabilité de l'air chaud en altitude. Le baromètre continue de baisser.
- Des stratocumulus, des nimbostratus, et parfois des cumulonimbus, terminent le cortège des nuages de la perturbation. Le baromètre remonte, la température également, mais la pluie tombe. Cette humidité crée des stratus bas qui masquent les nuages plus élevés. Normalement, le temps s'éclaircit très vite après le passage du front, restant chaud et humide.

Il suffit donc de reconnaître l'un ou l'autre des deux scénarios ci-dessus pour prévoir la suite, surtout si on tientcompte en complément des indications fournies par les instruments météo, en particulier le baromètre et la girouette.

L'air tropical maritime (vents de sud-ouest) donne un temps assez beau, mais seulement l'été.
Le mauvais temps se forme à partir de masses d'air arctique (vent de nord) ou maritime (qu'elles soient polaires ou tropicales) avec des vents venant d'ouest-nord-ouest, ou du sud-ouest respectivement, mais seulement l'hiver.

Le temps qu'il fait

Comme l'huile et l'eau, deux masses d'air de température différente ne se mélangent pas. La masse d'air la plus rapide écarte l'autre de son chemin, en la soulevant ou en passant par-dessus... La ligne de rencontre s'appelle le front. Cette démarcation entre deux masses d'air marque les changements de temps car, loin d'être très bien délimitée, elle se gondole par endroits.

Une dépression se forme et se creuse au niveau de cette ondulation, car la partie du front qui cède amorce une rotation sur elle-même. Au passage d'un front, la pression varie assez rapidement et le vent tourne.
D'une façon générale, les fronts sont précédés d'une baisse du baromètre et suivis d'une hausse.

■ L'alternance des fronts

Lorsque de l'air chaud repousse de l'air froid, on a un front chaud.
Quand l'air chaud est rejeté en altitude, c'est un front froid. Le front prend le nom de la masse d'air qui « agresse » l'autre.

→ Fronts froids

Les fronts froids correspondent à une masse d'air froid, donc dense, qui se glisse sous une masse d'air chaud,

FORMATION D'UNE PERTURBATION

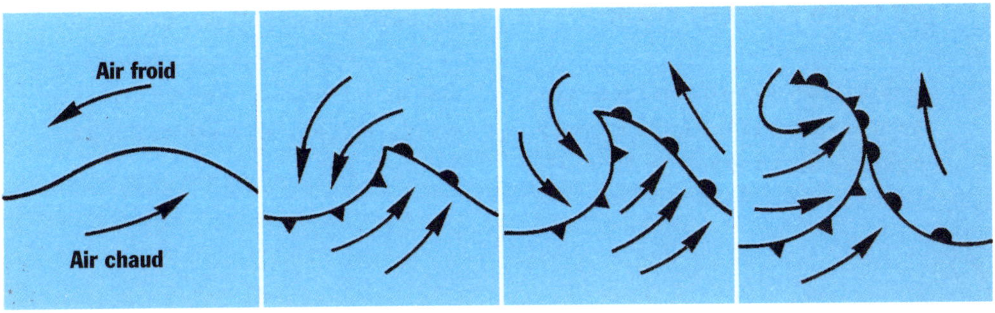

qu'elle repousse tout en la soulevant. Dans l'hémisphère Nord, ces fronts se déplacent vers l'est ou le sud-est, à 40 km/h en moyenne, et plus rapidement en hiver qu'en été. Leur passage ne dure guère plus de cinq heures, car ils sont assez étroits.
Les perturbations liées à un front froid sont généralement violentes, car le coin formé par la masse d'air froid est très incliné ; en revanche, elles sont de courte durée.
Ces précipitations prennent la forme d'averses, parfois accompagnées d'orages et de violentes rafales de vent.
Dans le ciel, un front froid débute par des altostratus ou des altocumulus, se poursuit par des nimbostratus donnant des pluies régulières, et se termine par un cortège de cumulus avec des éclaircies, parfois entrecoupées d'averses.

→ Fronts chauds

Les fronts chauds correspondent à une masse d'air chaud qui, tout en glissant par-dessus une masse d'air froid, repousse celle-ci devant elle. Dans l'hémisphère Nord, ces fronts se forment à l'est de cellules dépressionnaires et se déplacent à 20 ou 25 km/h, presque deux fois plus lentement qu'un front froid. Un temps de front chaud s'étale sur plusieurs centaines de kilomètres en avant de la ligne de front, les nuages précurseurs ayant une avance de 1 500 km. Ces nuages annoncent par conséquent l'arrivée du front avec une avance de près de 48 heures. Lorsque ce front approche, le baromètre baisse légèrement et l'on voit apparaître des cirrus élevés, premier signe de la présence d'une couche d'air chaud en altitude. Viennent ensuite des cirrostratus qui s'épaississent progressivement, voilant légèrement le soleil ou la lune, puis des altostratus donnant un ciel pommelé. Des averses se manifestent juste après, sous une grande masse de nimbostratus bas et sombres, qui précèdent la ligne de front sur 300 km.
Le passage de la perturbation peut durer six heures, puis la pression remonte.
Si l'air chaud ascendant est très instable, le front peut également être accompagné de cumulonimbus avec un mélange de pluies, de bruines persistantes et d'averses orageuses. Les fronts chauds associés aux dépressions sont souvent suivis d'une courte période de beau temps.

→ Fronts stationnaires, faibles et occlus

■ Les fronts dits stationnaires sont assez semblables aux fronts chauds, donnant un temps pluvieux qui peut persister longtemps.

■ Les fronts faibles ne donnent pas lieu à une modification du temps, mais s'accompagnent d'un changement de direction du vent.

■ Un front occlus, fréquent dans les zones dépressionnaires de moyenne latitude, apparaît lorsque les masses d'air froid qui précèdent et suivent une masse d'air chaud se rejoignent au sol, repoussant la masse d'air chaud en altitude. On voit alors apparaître des altostratus qui sont suivis de cumulonimbus et, immédiatement après, de cirrus élevés.

→ LES MICROCLIMATS

Nous passons la plus grande partie de notre vie dans des microclimats. Nos vêtements en délimitent un autour de notre corps.
Il y a ensuite celui de notre logement, celui du bureau ou de l'atelier, celui de notre voiture, etc.
Les villes sont également des microclimats, sous forme d'« îlots de chaleur urbains ».
L'air au-dessus de des grandes agglomérations crée une sorte de dôme chaud qui enveloppe la ville comme une cloche. La température moyenne est supérieure de plusieurs degrés à ce qu'elle est en périphérie, et la nébulosité y est plus forte.
À plus grande échelle, existent des microclimats géographiques, limités parfois à une vallée ou provoqués par la présence d'un lac. En montagne, les adrets et les ubacs (versants respectivement ensoleillé et dans l'ombre) constituent des microclimats bien connus.
Parmi ces climats locaux réputés, citons celui de Saint-Véran, dans les Hautes-Alpes, qui jouit d'un ensoleillement exceptionnel, comme celui de Font-Romeu, dans les Pyrénées-Orientales.
Ceci explique par exemple que Saint-Véran soit le site d'un nouvel observatoire astronomique, et Font-Romeu celui d'une installation expérimentale d'étude de l'énergie solaire. La région vendéenne, aussi douce en hiver que la Côte d'Azur, représente un microclimat.

C'est bien le signe que deux masses d'air froid se sont rejointes pour rejeter au-dessus d'elles une masse d'air plus chaude.
Le front occlus commence comme un front chaud, mais les cumulonimbus de l'ancien front froid suivent immédiatement.
Les bases de tous ces nuages se ressemblent, mais les précipitations changent de rythme, les averses succédant à la pluie continue.
Le baromètre remonte rapidement et la température baisse.
L'ensemble de ces signes indique que l'on a affaire à un front occlus, le plus souvent caractérisé par sa grande nébulosité, la superposition partielle des différentes couches nuageuses donnant des précipitations abondantes.

■ Les perturbations

La plupart des variations météorologiques (température, pression, humidité, vents, nuages, etc.) sont liées aux passages des fronts.
Chaque perturbation météorologique possède son tempérament propre, selon le genre d'affrontement qui l'a fait naître.
Elle est ensuite remodelée tout au long de son existence par diverses influences.
De plus, les perturbations ne progressent pas toujours régulièrement : certaines accélèrent brusquement, d'autres ralentissent ou s'arrêtent.
Elles peuvent changer brusquement de direction ou se dédoubler. Mais toutes ces formations ont la même structure de base.

→ Naissance d'une perturbation

■ UNE MASSE D'AIR CHAUD issue des tropiques contourne l'anticyclone des Açores et se dirige vers le nord-est. Une masse d'air froid venant des pôles contourne la zone dépressionnaire d'Islande et se dirige vers le sud-ouest. Ces deux masses d'air se rencontrent quelque part au large de Terre-Neuve, il s'établit entre elles une surface de discontinuité : le front.
La surface frontale est peu inclinée, à la différence d'un front froid qui présente une pente dix fois plus raide. Les dépressions se creusent toujours à l'extrême pointe de l'air chaud.
Ce tourbillon, une fois formé, prend une existence autonome.
L'ensemble du phénomène met le plus souvent cap à l'est, en direction de l'Europe. La plupart du temps, les masses d'air chaud et d'air froid qui quittent leur lieu de naissance ont des vitesses différentes et le front polaire, sous la poussée des masses d'air, se trouve déformé.
Des ondulations apparaissent, chacune de ces ondulations pouvant être l'amorce d'une perturbation.

■ AU DÉPART, la perturbation apparaît donc constituée au niveau du sol d'un front chaud qui s'avance derrière de l'air froid, d'un secteur chaud constitué par la pointe d'air chaud elle-même, et d'un front froid suivi d'air froid.
Entre front chaud et froid se place ainsi le secteur chaud, peuplé de stratus s'il est stable, de stratocumulus et de cumulus s'il est instable.
Derrière le front froid, arrive le ciel de traîne, avec des nuages cumuliformes pouvant aller jusqu'au cumulonimbus délivrant des averses.
Une occlusion donne des précipitations continues, mêlées d'averses si l'air chaud est instable.
En cours de route, elle prend peu à peu de l'extension, et finit par se déployer sur des centaines, voire des milliers de kilomètres, tandis que son caractère dépressionnaire s'accentue.
À mesure qu'elle se développe, la structure de la perturbation évolue car le front froid se déplace plus rapidement que le front chaud, qu'il finit par rattraper. Le secteur chaud qui les sépare s'étrangle, l'air chaud étant peu à peu rejeté en altitude par la poussée de l'air froid postérieur.

→ Passage d'une perturbation

Il est marqué par une série de phénomènes dans un ordre bien établi.

■ ON SUBIT TOUR À TOUR le passage d'air froid polaire, puis d'air chaud tropical, puis à nouveau d'air froid. À mesure que la masse d'air chaud progresse, la pression baisse.
Elle est minimale au moment où cette masse d'air chaud a envahi tout le ciel, au passage du frond chaud et du secteur chaud.
Elle remonte ensuite rapidement à l'arrivée de l'air froid, plus dense. Le vent est d'autant plus violent que la dépression est creuse.

■ POUR UN OBSERVATEUR situé dans l'axe de déplacement de la dépression, le vent s'oriente d'abord au secteur sud-est ou sud, remonte progressivement au sud-ouest et passe au nord-ouest en fin de dépression.
La direction du vent change nettement au passage du front chaud, du fait de la « rupture des isobares », demeure à peu près stationnaire durant la traversée du secteur chaud (isobares rectilignes) et change à nouveau au passage du front froid. L'écartement, plus ou moins grand, des isobares permet d'autre part de repérer la force du vent en tel ou tel point de la dépression.
On observe généralement les vents les plus forts dans la partie méridionale de la dépression, entre 100 et 400 km du centre, juste après le passage du front froid.

Une personne située à l'avant d'une perturbation observe d'abord des nuages d'altitude : cirrus, cirrostratus et cirrocumulus.
Le ciel est encore dégagé. Une dizaine d'heures plus tard, le plafond nuageux s'abaisse progressivement, les précipitations apparaissent, générées par des altostratus et des nimbostratus, la température augmente et la pression baisse.

→ Mort d'une perturbation

Une perturbation n'est pas éternelle : une fois ce front unique devenu occlus, les choses vont vers leur conclusion.
Née généralement au large de Terre-Neuve, une dépression-type termine sa vie au-dessus de l'Europe centrale, ayant parcouru quelque 6 000 km en une semaine.

■ L'ISSUE dépend de la différence de température entre l'air froid postérieur et l'air froid antérieur : si l'air froid postérieur est plus chaud que l'air froid antérieur, il tend à s'élever au-dessus de celui-ci : c'est une occlusion à caractère de front chaud ; si au contraire l'air froid postérieur est le plus froid des deux, il s'enfonce en coin sous l'air froid antérieur : c'est une occlusion à caractère de front froid.

■ LA PERTURBATION commence alors à s'essouffler et la dépression se comble (frontolyse).
Le front occlus disparaît et la perturbation meurt.
Sa vie dure au plus une semaine et son trajet varie selon la structure du champ de pression traversé : si un anticyclone protège le proche Atlantique, elle est déviée vers le nord et va mourir du côté de la Scandinavie.
Si l'anticyclone est situé sur les îles Britanniques, elle dérive vers le sud et se perd en Méditerranée.
Puis, l'invasion d'air froid entraîne une hausse de pression généralisée, qui fait apparaître ce que nous appelons du « beau temps ».
Pour les météorologistes, ce n'est qu'un intervalle.

2

Merveilleux nuages

Leur extraordinaire variété de formes, de teintes, de structures, d'épaisseurs tient à la façon dont ils se sont formés. Car pour leur composition, ils renferment tous les mêmes ingrédients : de l'eau, des grains de poussière et des bulles d'air. Ce sont les lois de la thermodynamique et de la gravitation qui déterminent ensuite leur évolution. Les nuages sont extrêmement variés. Certains sont « pacifiques » et annoncent un temps clément, sans jamais donner de pluie, alors que d'autres provoquent des phénomènes violents comme la grêle, la foudre, les coups de vent ou les tornades. Ils diffèrent aussi par leur taille : les nuages convectifs isolés occupent quelques kilomètres carrés, alors que des ensembles nuageux s'étendent sur quelques centaines de kilomètres, et que des systèmes multicellulaires couvrent des milliers de kilomètres. Leur formation est, en tout cas, toujours la conséquence d'un refroidissement de l'air.

La physique des nuages

■ Naissance d'un nuage

Un nuage résulte de la condensation de la vapeur d'eau par refroidissement d'une masse d'air humide.

→ La condensation

■ L'AIR CHAUD – selon le principe mis à profit avec les montgolfières – a toujours tendance à monter. Ainsi, au-dessus d'une surface chauffée par le soleil, des bulles d'air prennent de l'altitude. Ce faisant, leur pression interne diminue et leur volume augmente, tandis que leur température baisse.

Une élévation d'1 kilomètre correspond à une perte moyenne de température de l'ordre de 6 °C. Ce refroidissement a pour conséquence de transformer la vapeur d'eau de l'air en fines gouttelettes, et de libérer de l'énergie sous forme de chaleur ! Une partie de cette énergie est utilisée pour que la bulle continue à s'élever, le reste servant à aspirer la vapeur environnante : autrement dit, plus l'air est chaud, plus il est avide de vapeur.

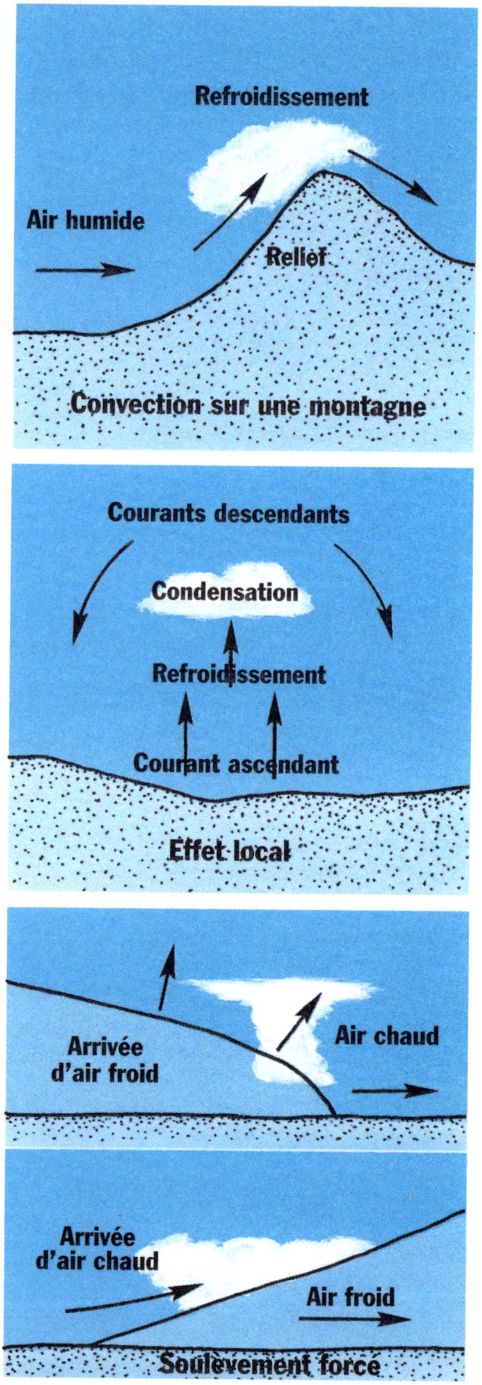

La formation d'un nuage résulte toujours du refroidissement d'une masse d'air humide qui libère cette humidité sous forme de gouttelettes visibles dès lors que cette température atteint le « point de rosée ».

La bulle grossit donc au point de devenir visible. Un nuage est né, mais ce n'est en fait qu'un brouillard, comme on peut le constater lorsqu'on voyage en avion.

■ DEUX CIRCONSTANCES peuvent provoquer le refroidissement qui va conduire à la formation d'un nuage. D'abord quand l'air, au contact d'un sol froid, crée un brouillard qui, en s'élevant, va former un stratus bas, étalé en couches successives. Ensuite – c'est le cas le plus fréquent – lorsqu'une masse d'air est poussée dans un mouvement ascendant, soit sur une couche d'air froid, soit sur le versant d'une montagne.

→ Les ingrédients d'un nuage

■ UN NUAGE est un ensemble de minuscules gouttelettes d'eau (entre 100 000 et 5 millions par litre), et parfois de cristaux de glace, qui sont en suspension dans l'atmosphère. Les gouttelettes, pour se former, ont cependant besoin d'un petit support solide, que les météorologistes appellent un « noyau de condensation ». Il peut s'agir de cristaux de sel, de poussières, de cendres, de spores, voire même de micrométéorites.

■ LA QUANTITÉ DE VAPEUR D'EAU dans l'air varie dans des proportions importantes, mais ne peut dépasser un seuil maximal, qui dépend de la température. Cette limite correspond à ce que les météorologistes appellent la « vapeur saturante », ou « point de rosée ». À 0 °C par exemple, l'air peut renfermer près de 5 g d'eau par mètre cube, mais cette capacité est portée à 10 g pour 11 °C, puis à 30 g pour 30 °C. C'est pourquoi l'air chaud peut contenir plus d'humidité que l'air froid. L'humidité relative, ou degré hygrométrique de l'air, correspond au pourcentage d'eau par rapport au volume maximal admissible à la température du moment. Par exemple, si, par une température de 30 °C, chaque mètre cube d'air renferme 15 g d'eau, l'hygrométrie sera de 50 %, puisque la quantité maximale admissible est de 30 g. Même par temps clair, il y a de la vapeur d'eau dans l'air, invisible puisque c'est un gaz.

■ Cuisine des nuages

L'allure et la forme des nuages varient selon le mécanisme de formation, le lieu, les caractéristiques de l'air (pression, température, quantité de vapeur d'eau), la puissance des ascendances, etc. Elle est donc liée au caractère stable ou instable de l'air dans lequel ils évoluent.

■ QUAND L'AIR CHAUD se trouve au-dessus de l'air froid, on a des nuages

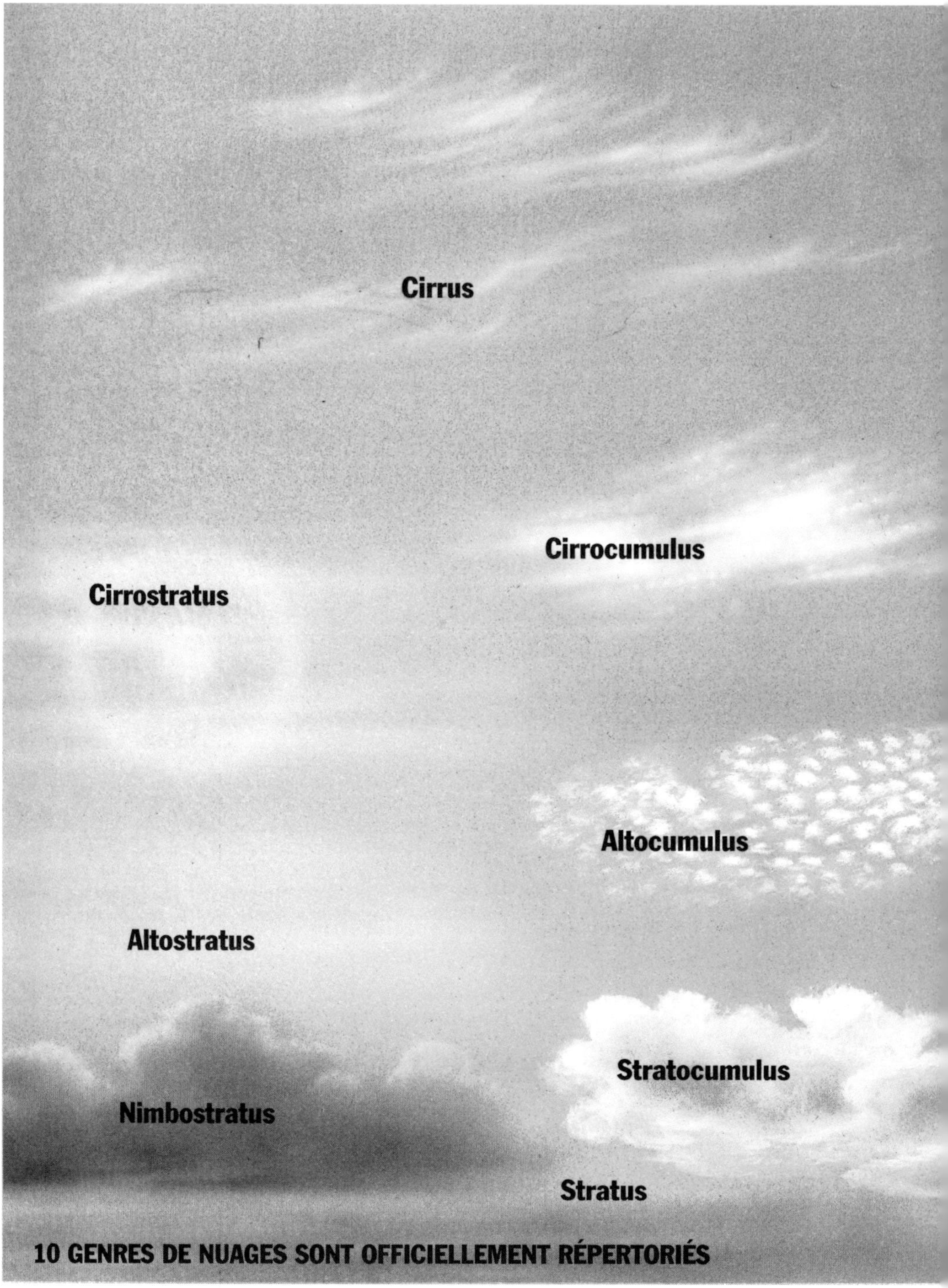
Cirrus
Cirrocumulus
Cirrostratus
Altocumulus
Altostratus
Stratocumulus
Nimbostratus
Stratus
10 GENRES DE NUAGES SONT OFFICIELLEMENT RÉPERTORIÉS

Cumulonimbus
Cumulus

stables, étalés en voiles ou en nappes recouvrant tout le ciel. Ces nuages uniformes, plats et tristes, appartiennent au type des stratus, disposés horizontalement.

■ UNE MASSE D'AIR FROID humide, rencontrant une masse d'air chaud, la soulève brusquement et lui communique son humidité. L'air devient instable, donnant une grande quantité de moutons cumuliformes, qui poussent en quelques heures. La condensation y est très intense, au point qu'un cumulus de deux kilomètres cubes fournit en dix minutes la même énergie qu'une centrale nucléaire en une heure ! Le résultat est un violent mouvement d'ascension de l'air chaud, qui crée des turbulences sous le nuage, devenu une véritable turbine aspirant l'air environnant pour en prélever la vapeur d'eau, et fabriquer encore plus de gouttelettes... Le cumulus peut alors se métamophoser en un cumulonimbus dont la tête est plus élevée que l'Everest ! Il arrive aussi que la machine s'emballe et pompe avec une telle force qu'elle entraîne la formation de trombes ou de tornades d'une violence inouïe.

→ DES NUAGES NACRÉS ET LUMINEUX

Il existe deux catégories de nuages un peu particuliers:
Les nuages nacrés affectent la forme de cirrus ou d'altocumulus lenticularis. Ils doivent leur nom à des irisations leur donnant un aspect nacré. Probablement constitués de gouttelettes d'eau en surfusion, ils apparaissent dans certaines conditions, vers 25 km d'altitude.
Les nuages nocturnes lumineux (ou noctiluques), bleuâtres ou argentés, sont visibles longtemps après le coucher du soleil, surtout en été. Ils se déplacent très vite (200 à 900 km/h), vers 80 kilomètres d'altitude, et se forment sans doute à partir de poussières météoritiques s'accumulant sous l'inversion de température de la mésopause.

La classification des nuages

Curieusement, c'est un paléontologiste, Jean-Baptiste Lamarck, qui, en 1802, a établi la première classification des nuages. Il essaya de les regrouper en plusieurs catégories, en évoquant des nuages « brumeux », « en voile », « en lambeaux », « boursouflés », ou « attroupés ». Mais c'est le classement du Britannique Luc Howard, établi l'année suivante, qui a finalement été retenu. Luc Howard a inventé les genres de

CIEL D'INSTABILITÉ

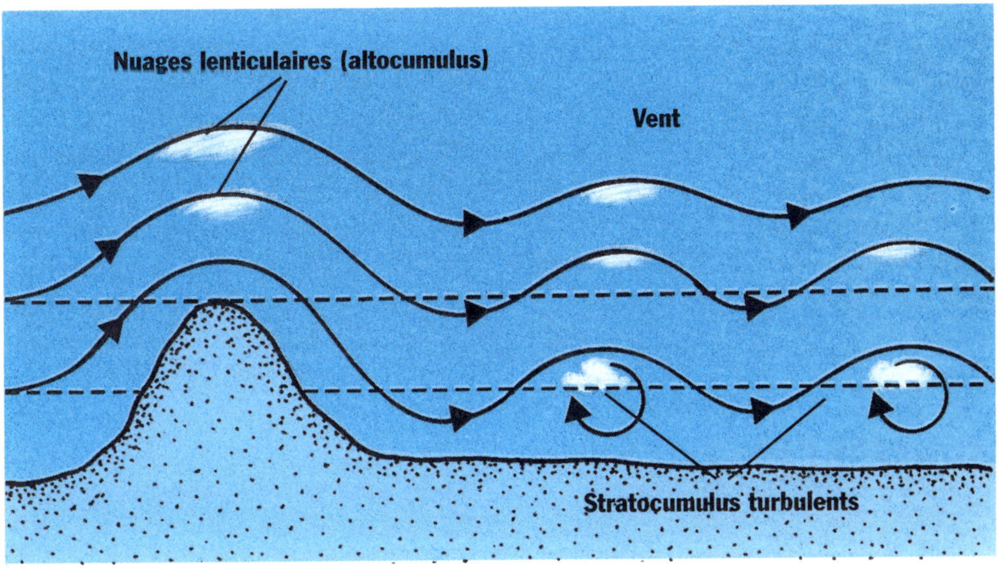

nuages, en utilisant des noms latins : cumulus (« amas »), cirrus (« boucle »), et stratus (« étalé », « en couche »). En 1887, sa nomenclature a été complétée par Hildebranson, puis adoptée et définie officiellement par la Conférence météorologique internationale de Munich, en 1891.

L'Organisation météorologique mondiale, dont le siège est à Genève, a depuis lors édité un Grand Atlas international des nuages, qui fait référence. Cet atlas distingue quatre types de base : les cirrus (bouclés, nuages d'altitude), les cumulus (nuages en balles de coton dont la base est proche du sol), les stratus (étendus, en couches horizontales) et les nimbus (porteurs de pluie). Ils se combinent entre eux pour donner des subdivisions faisant intervenir leur altitude et leur type de développement. On leur ajoute aussi parfois une racine : cirro (haute altitude), alto (moyenne altitude), strato (développement horizontal), ou cumulo (développement vertical), qui précise leurs caractéristiques.

■ Nuages élevés

Les nuages élevés de l'étage supérieur (entre 5 000 et 12 000 mètres) sont constitués de cristaux de glace.

Ce sont les cirrus, avec deux variantes :

les cirrostratus et les cirrocumulus. Tous se situent à l'avant d'un système nébuleux plus important, annonçant du mauvais temps pour le lendemain.

→ Cirrus

Ce sont les nuages les plus hauts et les plus froids. Isolés en filaments blancs légers, comme des coups de griffes sur le ciel, ils se situent le plus souvent au niveau de la tropopause, limite supérieure de la troposphère. Ils sont uniquement composés de cristaux de glace, et n'ont ni ombre propre ni ombre portée.

Leurs formes indiquent un vent fort en altitude. Ces nuages prennent, au lever ou au coucher du soleil, des teintes roses ou violacées, car du fait de leur

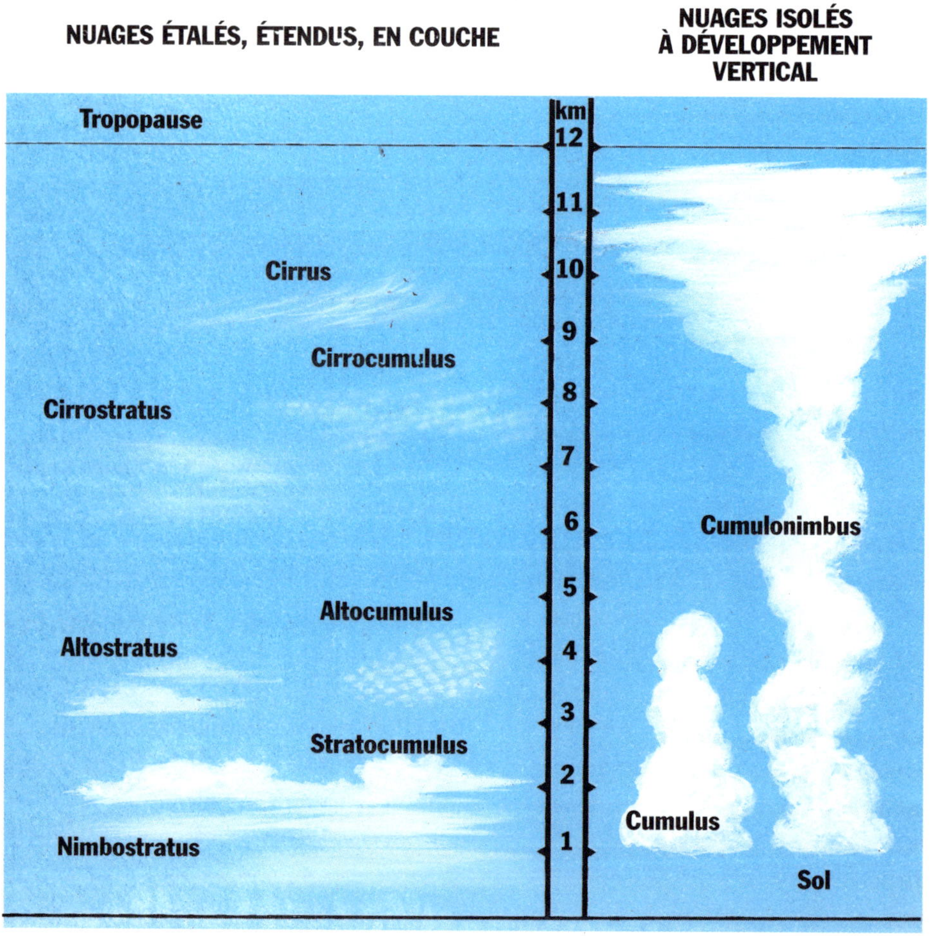

grande altitude ils sont encore éclairés par le soleil après sa disparition sous l'horizon. À ces altitudes, règnent par ailleurs des vents rapides et une température de l'ordre de – 40 °C, d'où l'aspect de plumes effilochées que prennent ces nuages.
On en distingue 5 espèces : fibratus (structure fibreuse), uncinus (avec crochet terminal), spissatus (bords frangés comme un tapis), floccus (comme petits flocons de laine), castellanus (en forme de tourelles fortifiées).

→ Cirrostratus

Ils forment un voile blanchâtre, peu épais, presque transparent. D'aspect fibreux ou lisse, ils succèdent aux cirrus. Le bleu du ciel pâlit, mais l'éclat du soleil est encore intact. Leur présence est souvent révélée par des halos autour du soleil ou de la lune.

→ Cirrocumulus

Les cirrocumulus sont de petits nuages très blancs, disposés en rides régulières sur un ciel bleu. Chaque bille a une largeur apparente inférieure à 1 degré. Ils correspondent à ce que l'on appelle couramment un « ciel pommelé ».
Les cirrocumulus provoquent des halos autour de la lune ou du soleil, c'est pourquoi ces derniers annoncent, indirectement, une aggravation du temps.

→ LES NUAGES SONT PARTOUT LES MÊMES

Ce processus physique est universel, si bien que les nuages sont partout les mêmes, comme l'avait remarqué un météorologiste anglais du nom d'Abercromby, qui fit le tour du monde en 1887, pour vérifier que les nuages répertoriés quatre-vingts ans plus tôt par son compatriote Luc Howard existaient bien sous tous les cieux. Le résultat de son travail fut publié en 1887 par Hildebranson.

*

Au ciel un voile abat la toile

Nuage en griffe, pluie prochaine.

*

■ Nuages de l'étage moyen

Les nuages de l'étage moyen (2 000 à 7 000 mètres) sont épais et étendus.
Il s'agit d'altostratus s'ils sont opaques, d'un blanc grisâtre et disposés en rouleaux, ou d'altocumulus s'ils sont d'un blanc cotonneux avec un sommet crénelé.

→ Altostratus

Les altostratus, formés d'un mélange de gouttelettes d'eau et de cristaux de glace, peuvent donner lieu indifférement à des chutes de pluie ou de neige. Ils forment un voile plus épais et plus bas que celui du cirrostratus, auquel ils succèdent : leur couleur gris bleuâtre, avec un aspect parfois strié, couvre partiellement ou entièrement le ciel. Le soleil apparaît encore à travers ce voile, comme à travers un verre dépoli.

→ Altocumulus

Les altocumulus, souvent associés à un altostratus, ne provoquent pas de précipitations par eux-mêmes.
Ils sont organisés comme les cirrocumulus, mais avec des éléments trois fois plus gros – en galets, lamelles, rouleaux – blancs ou gris, plus ou moins soudés, au travers desquels on devine le soleil.
L'altocumulus se décline en espèces assez rares : stratiformis (feuillets donnant de superbes teintes après le coucher du soleil) ou lenticularis (en forme d'amande).

*

Brebis qui paissent aux cieux,
font temps venteux et pluvieux.

Ciel vêtu de laine,
eau peu lointaine.

■ Nuages bas

Les nuages bas, de l'étage inférieur (moins de 2 000 mètres) sont toujours des stratus, avec leurs diverses variantes, notamment les nimbostratus et les stratocumulus.

→ Stratus

Ces nuages très bas, d'un gris clair uniforme, donnent au ciel un aspect lourd et morne caractéristique. C'est, tout simplement, un brouillard qui s'est élevé.
Parfois, le contour du soleil est bien discernable à travers le brouillard. Ils peuvent couvrir tout le ciel ou traîner au-dessus de la mer sous forme de bancs déchiquetés.
Ils peuvent donner de la bruine (ou de la neige en grains), mais pas de véritables pluies, les mouvements verticaux étant quasiment inexistants dans ces formations.

→ Stratocumulus

C'est le type même du nuage hivernal. Il se transforme souvent en nimbostratus lorsque sa base, généralement ondulée, devient uniforme.
Il se présente en bancs ou en nappes, gris ou blanchâtre, avec presque toujours des parties sombres. Ses éléments ont l'aspect de grandes dalles, de galets,

LE JARGON DES NUAGES

ESPÈCES

- *Calvus* (« chauve » du fait de la disparition des bourgeonnements)
- *Capillatus* (étalement en enclume, après le stade calvus)
- *Castellanus* (aux sommets crénelés)
- *Congestus* (bourgeonnant, en chou-fleur)
- *Fibratus* (fibreux, filamenteux)
- *Floccus* (en petits flocons)
- *Fractus* (déchiqueté)
- *Humilis* (très peu développé)
- *Lenticularis* (en forme de lentille)
- *Mediocris* (protubérances peu marquées)
- *Nebulosus* (voile uniforme)
- *Spissatus* (dense sur une surface étendue)
- *Stratiformis* (étalé en couche étendue)
- *Uncinus* (en forme de queue de cheval)

VARIÉTÉS

- *Duplicatus* (à niveaux superposés)
- *Intortus* (à filaments enchevêtrés)
- *Lacunosus* (aux bords effllochés)
- *Opacus* (totalement opaque)
- *Perlucidus* (avec des trouées de ciel bleu)
- *Radiatus* (convergents vers un même point)
- *Translucidus* (laissant passer le soleil)
- *Undulatus* (en rouleaux parallèles, ondulés)
- *Vertebratus* (en forme de squelette)

AUTRES CARACTÉRISTIQUES

- *Arcus* (arc très sombre)
- *Genitus* ou *mutatus* (né de la scission d'un autre nuage)
- *Incus* (forme d'obus horizontal)
- *Mammatus* (mammelonné vers le bas)
- *Pannus* (nuage déchiqueté sous un cumulonimbus)
- *Pileus* (étalé sous une couche d'inversion)
- *Tuba* (colonne en forme d'entonnoir à la base d'un nuage d'orage)
- *Velum* (fortement étendu à l'horizontale)

de rouleaux, qui peuvent se souder et envahir tout le ciel. Ils donnent rarement de la pluie, plutôt de la bruine, et se rencontrent surtout dans les ciels de traîne, à la fin d'une perturbation.

→ Nimbostratus

Ce sont les nuages de pluie par excellence, épais (jusqu'à 5 000 mètres d'épaisseur), gris et souvent très sombres. Ils envahissent tout le ciel en succédant généralement à un voile épais d'altostratus.
Leur aspect est rendu flou par des précipitations continues.
Souvent, des petits nuages noirs, déchiquetés (les « diablotins »), courent rapidement en dessous. Il faut allumer les lampes. Si les conditions s'y prêtent, en hiver, ils provoquent des chutes de neige.

*

Si passent nuages bas et unis,
la pluie n'attendra pas minuit.

*

■ Nuages à grand développement vertical

Les nuages à grand développement vertical sont des cumulus et des cumulonimbus.
Ces nuages, bien séparés les uns des autres, aux contours précis, sont appelés nuages d'instabilité. Leur base est souvent horizontale, leurs sommets comportent des protubérances en forme de choux-fleurs.

→ Cumulus

■ Les plus petits, les fractocumulus, sont dus à un échauffement localisé du sol, formant des « thermiques » (ascensions d'air chaud), mises à profit par les amateurs de vol à voile.
Ces « thermiques » ont un diamètre de quelques centaines de mètres, et des vitesses ascendantes moyennes de 7 km/h. À mesure que l'air monte, le nuage se refroidit ; il cesse son ascension lorsqu'il est devenu plus froid que l'air ambiant.
Au milieu d'une matinée ensoleillée, les fractocumulus se transforment en « humilis », mieux délimités.
Ces masses blanchâtres, bien séparées les unes des autres, ayant la forme de petites balles de coton ou fleurettes, sont les nuages de beau temps par excellence. Leur forme se modifie sans cesse.

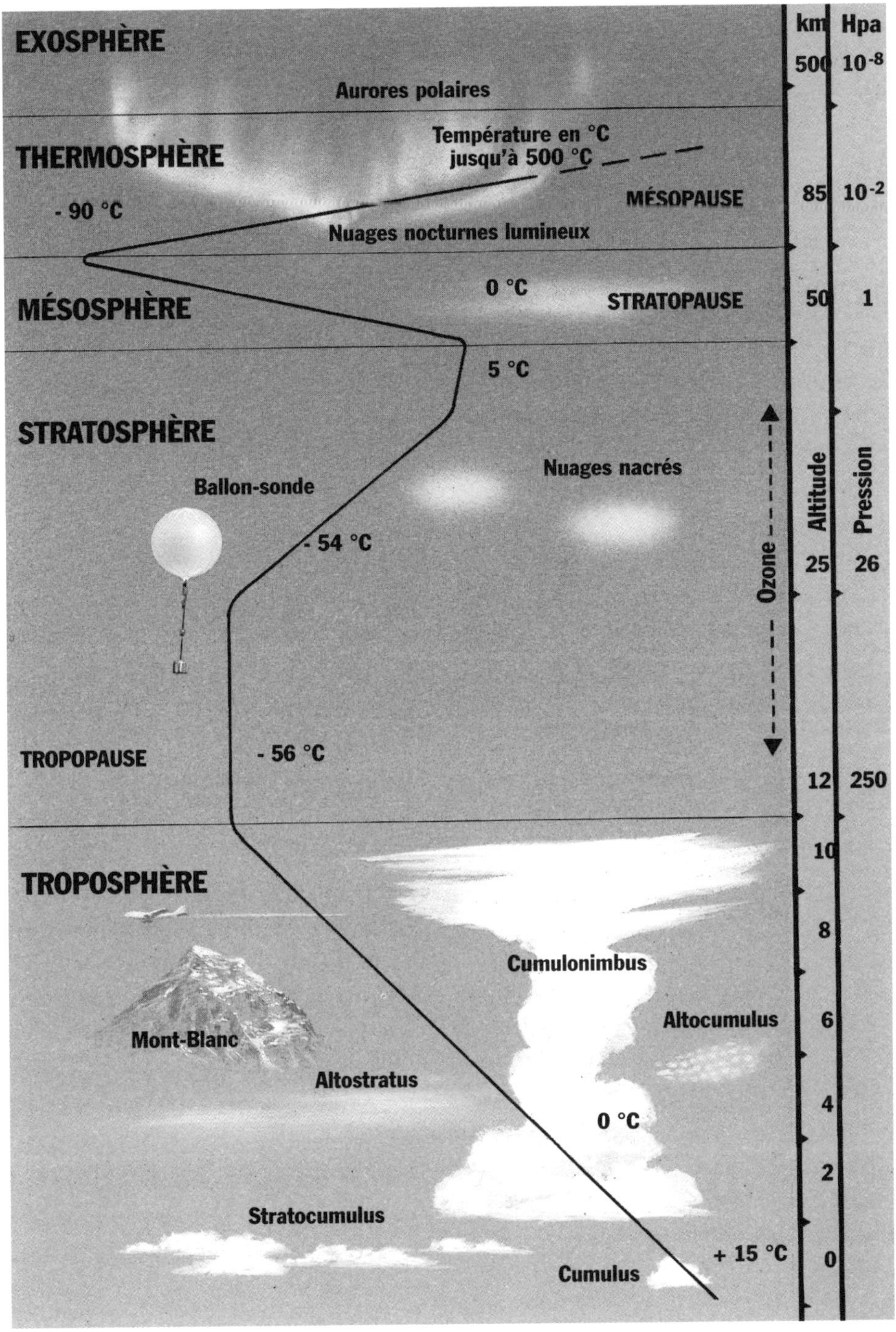

EXOSPHÈRE
Aurores polaires
THERMOSPHÈRE
Température en °C
jusqu'à 500 °C
- 90 °C
MÉSOPAUSE
Nuages nocturnes lumineux
MÉSOSPHÈRE
0 °C
STRATOPAUSE
5 °C
STRATOSPHÈRE
Ballon-sonde
Nuages nacrés
- 54 °C
Ozone
TROPOPAUSE
- 56 °C
TROPOSPHÈRE
Cumulonimbus
Altocumulus
Mont-Blanc
Altostratus
0 °C
Stratocumulus
+ 15 °C
Cumulus
km
500
85
50
25
12
10
8
6
4
2
0
Altitude
Hpa
10-8
10-2
1
26
250
Pression

LE TEMPS SELON LES NUAGES

CIEL DE BEAU TEMPS

Pour les météorologistes, le beau temps n'est pas forcément un temps ensoleillé. Météorologiquement parlant, c'est un temps d'intervalle, caractérisé par l'absence de perturbations du front polaire.

Le ciel d'intervalle est clair, avec parfois des nuages isolés de l'étage moyen ou supérieur.

C'est le ciel de beau temps d'été, qui traduit la présence d'une masse d'air stable, anticyclonique.

Ce type de temps est souvent peuplé de brumes légères qui donnent au ciel une teinte d'un bleu délavé. Il s'y forme aussi des brouillards d'advection et de la rosée avant le coucher du soleil.

CIEL DE TURBULENCE

Ciel composé de stratocumulus en couche continue, parfois de stratus. Les précipitations sont nulles ou très faibles (bruine). C'est le beau temps d'hiver, jours calmes et gris sur lesquels s'étale un manteau de stratocumulus, mais ce type de ciel peut se rencontrer en toutes saisons. Les stratocumulus peuvent subsister plusieurs jours d'affilée, rarement en été. Ils se forment pendant la nuit et se résorbent plus ou moins rapidement dans la matinée. Il arrive souvent que ce type de ciel soit la zone de liaison d'une série de perturbations. Le ciel stratiforme, généralement bas, peut masquer un autre type de ciel évoluant au-dessus.

CIEL D'INSTABILITÉ

Il est composé de cumulus congestus pouvant atteindre le stade de cumulonimbus et être accompagné d'orages. En montagne, si le vent dépasse 40 km/h au sommet, il y a formation d'ondes orographiques :ondulations, qui se forment plus haut et plus loin que les crêtes. Au sommet de ces ondulations, la condensation de l'air forme des alto-cumulus lenticulaires. C'est le cas quand un courant d'air humide de haute altitude passe au-dessus des sommets. S'il y a superposition de plusieurs couches d'air humide, se forme un étonnant amoncellement de nuages lenticulaires, ressemblant à des « soucoupes volantes ».

De la plage on les voit pousser comme par magie au-dessus des terres, alors que le ciel au-dessus de la mer (plus froide le matin), reste tout à fait dégagé.

■ LA MONTAGNE, SURTOUT, est un lieu de prédilection pour les cumulus.
Les sommets, en atmosphère plus pure, voient en effet leur température s'élever davantage que celle des vallées.
Des cumulus se forment ainsi au-dessus des parois rocheuses exposées à l'est le matin, ou sur les falaises exposées à l'ouest le soir.

■ SI L'HUMIDITÉ EST SUFFISANTE, les cumulus continuent de prendre du volume : ils forment des « mediocris » qui, en se développant verticalement, deviennent des « congestus », dernier stade avant le cumulonimbus orageux.
Leur base est sombre, en raison de leur épaisseur qui ne laisse pas passer beaucoup de lumière, alors que leur sommet est d'une blancheur éclatante sous le soleil. Un cumulus congestus peut avoir plusieurs kilomètres de diamètre et atteindre 5 000 mètres d'épaisseur, créant parfois des averses et des rafales de vent.

→ Cumulonimbus

■ LES CUMULONIMBUS sont des congestus qui ont enflé démesurément. Leur hauteur peut atteindre 18 000 mètres à l'équateur, de puissants courants ascendants circulant à l'intérieur.
Ce sont les seuls nuages capables de donner lieu à des orages et des averses de grêle.
Les cumulonimbus peuvent être chauves, calvus, c'est-à-dire lisses, ou capillatus, s'étalant en enclume au niveau de la tropopause, lorsque la cellule orageuse est arrivée à maturité.
Le cumulonimbus mammatus est particulièrement dangereux, avec en dessous de lui une bande très noire : la ligne de grains.

■ L'ASCENDANCE SOUS UN CUMULONIMBUS est d'environ 20 km/h, mais à l'intérieur les vitesses peuvent dépasser 110 km/h.
Les courants ascendants sont à l'avant, les courants descendants à l'arrière : c'est là que les averses sont les plus fortes. Passé minuit, il n'y a plus de cumulonimbus thermiques ; ce n'est pas le cas en mer, où, parce que l'eau reste relativement chaude, beaucoup se forment en fin de nuit.

Anatomie d'une perturbation

Les nuages ne se promènent pas au hasard dans le ciel. Leur répartition constitue un véritable système nua-

geux. Ceux qui accompagnent une perturbation du front polaire sont les plus caractéristiques. Un observateur situé dans l'axe du déplacement de la perturbation voit passer successivement la tête, le corps, le secteur chaud et la traîne de ce système. Un observateur situé un peu plus au nord n'en verra que la marge froide; situé un peu plus au sud, il subira la marge chaude et, parfois, la zone de liaison qui relie cette perturbation à la perturbation suivante.
En connaissant les différents aspects que peut prendre le ciel, il est donc possible de voir venir une perturbation et de se situer par rapport à elle.
La taille moyenne d'une perturbation est généralement comprise entre 1 000 et 2 000 kilomètres.
On dit en schématisant que: lorsque la tête est en Alsace, le corps est en Ile-de-France, la traîne en Bretagne.
Il est facile de suivre son passage à partir de la direction du vent.
Au niveau de la tête le vent souffle du sud-ouest, virant à l'ouest lors du passage du corps, puis au nord-ouest dans la traîne.
Reprenons, du point de vue des nuages, la structure d'une perturbation-type.

■ La tête

■ À L'AVANT de la perturbation, on découvre un ciel peuplé de cirrus, qui sont bientôt suivis d'un voile de cirrostratus ou d'altostratus peu épais.
La pression baisse lentement, tandis que le vent s'oriente au secteur sud en fraîchissant.
La tête du système correspond à l'arrivée d'air chaud et humide en altitude.
Elle débute loin en avant (plus de 500 km) de la partie centrale de la perturbation.
L'air chaud s'élevant lentement audessus de l'air froid se détend ; à 6 000 m d'altitude, la vapeur d'eau qu'il contient se transforme en cristaux de glace.
C'est pourquoi les premiers nuages à apparaître sont des cirrus, genre uncinus (en forme de virgules), ou fibratus (fibreux).
Ces « émissaires », arrivant en général de l'ouest ou du sud-ouest, annoncent l'approche de la perturbation.
Le ciel reste clair et des cumulus de beau temps peuvent encore s'y promener, mais ils s'aplatissent car la convection s'essoufle.
La lumière est souvent belle et les lointains sont nets.
Des halos apparaissent autour du soleil ou de la lune.

■ LA PRÉSENCE DE CIRRUS et de cirrostratus n'est cependant pas le signe certain que l'on est dans la tête d'une perturbation, car on les voit aussi dans la marge froide, où le temps s'améliore vite. Si, ensuite, les cirrostratus, des altostratus translucidus, légèrement bleutés, montrent le bout de leur nez, c'est que le corps de la perturbation approche. En été, les cirrus sont moins bien organisés et rarement suivis de cirrostratus. Ils peuvent même être absents, les seuls nuages de tête étant alors des altocumulus en dalles.

■ Le corps

■ UNE COUCHE D'ALTOSTRATUS ou de nimbostratus continue envahit le ciel lorsque le corps arrive. Elle se double de nuages bas dechiquetés donnant des pluies continues.
La pression baisse et atteint son minimum au passage du front chaud. Le vent passe du sud au sud-ouest, puis à l'ouest, la masse d'air chaud pénètre alors dans la partie basse de la troposphère.
À l'altostratus translucidus succèdent des altostratus de plus en plus épais, il commence à pleuvoir, bien que la visibilité reste assez bonne, jusqu'au moment où apparaissent les « diablotins », ces petits nuages sombres qui filent sous la voûte grise des nuages supérieurs.

■ L'ÉNORME NIMBOSTRATUS qui leur succède va engendrer des heures de pluie continue. La visibilité devient médiocre au passage du front chaud, puis le thermomètre remonte tandis que le baromètre est au plus bas. Le vent vire nettement pour venir au sud-ouest ou à l'ouest, avec des bourrasques.
Durant le passage du secteur chaud, la pluie peut être remplacée par de la bruine, puis le plafond s'élève, sous forme de stratocumulus.
Si l'on se trouve au sud de la perturbation, dans la zone qui la relie à la perturbation suivante, la visibilité est mauvaise en hiver ; en été, cette zone de liaison est moins nuageuse.
Comme l'air froid postérieur repousse violemment le reste de la masse d'air chaud en altitude, celle-ci devient instable et engendre des cumulus congestus ou des cumulonimbus formant une ligne de grains, au passage de laquelle on enregistre bourrasques ou orages.
À l'arrivée du front froid, le vent redescend au sud-ouest avant de repasser au nord-ouest. Enfin, le soleil revient, mais il fait plus frais.

■ La traîne

■ CETTE PARTIE ARRIÈRE du système nuageux est caractérisée par un ciel clair mais variable, avec alternance d'éclaircies et de passages nuageux, donnant des averses, des grains ou des orages.
Le baromètre remonte rapidement, avec un vent du nord-ouest.

L'air froid fait chuter le thermomètre, alors que le baromètre remonte.

■ LE CIEL DE TRAÎNE est parsemé de nuages bourgeonnants, générateurs de grains ou d'averses.
La visibilité est très bonne dans les éclaircies, par un beau ciel bleu, mais le vent reste fort.
Le ciel peut prendre parfois une teinte vert pâle qui caractérise l'air polaire.
L'été, les traînes sont marquées moins nettement, elles présentent surtout des cumulus et des cumulus congestus, parfois accompagnés d'altostratus et de bancs de stratocumulus.
Cette traîne peut atteindre un millier de kilomètres de large, son passage s'étalant sur plus de 24 heures.
Souvent on voit apparaître aussitôt les premiers cirrus de la perturbation suivante.
Mais si le vent repasse au nord, c'est qu'il n'y a pas d'autre perturbation à venir dans l'immédiat.

■ Les marges

■ LA MARGE FROIDE survole les observateurs situés un peu au nord de la perturbation.
Les systèmes perturbés passent trop au nord pour que l'on observe, sous nos latitudes, des ciels de marge froide.
Cela peut néanmoins se produire en hiver, mais il ne faut pas le confondre avec un ciel de tête.
Le ciel de marge froide présente un voile de cirrostratus succédant parfois à des cirrus.
La pression baisse et le vent s'oriente au sud-est.
Mais ce voile, au lieu de s'épaissir, se désagrège peu à peu, laissant place à un ciel de traîne peu actif.
La pression remonte et le vent, au lieu de descendre vers le sud, passe à l'est pour atteindre finalement le nord.

■ LA MARGE CHAUDE est plus fréquemment observée, car il suffit de se trouver au sud de la perturbation.
On voit alors des cirrus et des cirrocumulus. La présence fréquente de l'altocumulus lenticularis, de cirrocumulus et surtout l'aspect changeant du ciel indiquent que l'on se trouve dans une marge chaude, où les variations de la pression et du vent sont très lentes.
Le ciel ne se couvre jamais complètement, et le ciel d'intervalle réapparaît ensuite.

*

Des nuages obscurs, jaunes ou verts,
annoncent grêle avec éclairs.

Des nuages jaunes ou violets,
du vent à tout emporter.

*

3

Les perturbations

Si le temps – au sens météorologique – n'existait pas, l'air serait parfaitement calme. Mais alors, il n'y aurait pas de vent pour emporter les grains de pollen et assurer la fécondation des plantes, pas de pluie pour faire pousser la végétation et débarrasser l'air de ses impuretés, pas de nuages pour apporter un peu de fraîcheur les jours de canicule. En fait, la Terre serait invivable !

Les éléments qui font la pluie et le beau temps... Le beau temps, encore que cette notion soit toute relative, n'appelle pas en lui-même de développement, puisqu'il se caractérise par une atmosphère stable. Voyons plutôt les différentes perturbations atmosphériques qui peuvent se présenter : vents et tornades, pluie et neige, brouillard et brume, rosée et givre. Ces perturbations, qui ont parfois des conséquences économiques importantes pour les activités humaines, ne sont en fait que le résultat de lois physiques très simples qui s'appliquent sans état d'âme, comme tous les phénomènes de la nature... Ainsi, le vent, par exemple, est-il un appel d'air dû à une différence de pression, la pluie illustre-t-elle la victoire de la force de gravitation sur le mouvement ascendant de l'air qui maintient les gouttelettes des nuages en suspension et le verglas vient-il d'un changement brutal de l'état liquide à l'état solide.

Les vents

Le premier élément à prendre en compte pour une prévision simple et facile, c'est le vent. Connaissant la direction d'où il vient, on en déduit à coup sûr le type de temps qui va suivre. D'où la possibilité de prévoir le temps avec une simple girouette! Si vous n'en possédez pas, regardez autour de chez vous: il y en a sans doute une dans les environs immédiats, sur la maison voisine ou sur le clocher de l'église.
Ce fluide gazeux qu'est l'atmosphère est en perpétuel déséquilibre à cause des différences de pression. C'est le rééquilibrage qui produit le vent.
Les vents peuvent être légers, imperceptibles, ou au contraire violents, balayant tout sur leur passage.
Ils peuvent être chauds, chargés de sable (simoun), mais aussi froids et chargés de neige (blizzard). Il y a les vents marins, qui transportent loin à l'intérieur des terres les embruns et le sel de l'océan. Il y a des vents capables de sculpter des roches, ou de déplacer des dunes.
Même les vents faibles ont une action, en ciselant ou en érodant les roches, surtout s'ils sont chargés de sable. Ils agissent alors comme un abrasif.
Le vent, invisible, se remarque donc surtout par ses effets, qui vont du simple bruissement des feuilles aux toitures arrachées.

■ Le souffle des vents

Pour définir le vent en direction et en vitesse, les météorologues utilisent deux instruments: la girouette et l'anémomètre.

→ Secteur

■ «DE SECTEUR NORD» signifie que le vent vient du nord (en fait dans un angle de 45 degrés centré sur le nord, entre nord-nord-ouest et nord-nord-est), puis va dans la direction opposée. Il souffle du nord vers le sud. Pour des besoins professionnels (aviation, marine), la direction est donnée en degrés, indiquant l'angle formé avec le nord géographique: pour 90 degrés le vent vient de l'est, pour 180 degrés du sud, pour 270 degrés de l'ouest, pour 360 du nord.

■ LA DIRECTION n'est précise qu'à un instant donné, car elle peut varier rapidement. En aéronautique, on ne prend en compte que la direction et la vitesse en moyenne sur 2 minutes. Pour les relevés météorologiques professionnels, cette moyenne porte sur 10 minutes.

→ La vitesse

■ LA VITESSE DU VENT dépend du «gradient de pression», c'est-à-dire de la variation de pression par unité de distance, exprimée ici en hectopascals

→ TORNADES : DES TOURBILLONS TOMBÉS DU CIEL

On ne peut pas traiter les vents sans évoquer les tornades. Quoique relativement rares elles sévissent chaque année sur quelques régions de France, sans avoir toutefois le caractère cataclysmique de celles qui affectent les États-Unis, notamment la vallée du Mississippi et la Floride.

Les tornades sont des tourbillons d'air très localisés, d'une telle violence (le vent peut dépasser 300 km/h) que des automobiles peuvent être emportées. Elles accompagnent des orages anormalement violents, qui précèdent souvent un front froid. Visuellement, les tornades forment un entonnoir gris dont la pointe se vrille au niveau du sol, laissant un sillon dévasté sur une centaine de mètres de large. À la base, la pression atmosphérique est si faible que des maisons peuvent littéralement exploser !

Le courant ascendant peut aspirer des objets qui retombent plus loin : c'est ainsi que les tornades provoquent des pluies de poissons et de grenouilles, aspirés dans des rivières ou des étangs, ou des « pluies de sang », dues à de l'argile rouge mêlée à l'eau.

Au-dessus d'étendues liquides, les tornades deviennent des « trombes », moins violentes que leur homologues terrestres.

En Europe, les tornades ne représentent que 10 % des orages de printemps et d'été. On observe plus souvent des orages isolés, des lignes de grains, des bandes de pluie associées aux fronts froids. Dans ces systèmes moins énergétiques, les tornades résultent de la concentration par un tourbillon déjà existant, provoqué par des discontinuités locales de température ou de vent, la présence de collines ou de vallées, ou des contrastes de terrain (lacs, forêts).

En France, deux situations atmosphériques favorisent le développement d'orages à tornades : la première est constituée d'un flux d'air instable, méditerranéen, surplombé par un air atlantique plus frais et plus rapide ; la deuxième, qui engendre l'essentiel des tornades d'automne ou d'hiver, concerne des fronts froids très actifs emportés par un puissant flux d'ouest. Les trois quarts des tornades se produisent de mai à septembre, en fin d'après-midi ou en soirée.

En France, en moyenne une tornade faible se forme par an et par département, mais en pleine campagne elle passe inaperçue.

Les tornades les plus violentes frappent surtout deux régions : le Nord-Ouest, au nord d'une ligne allant de Bordeaux à Metz, et la côte méditerranéenne. Ces tornades dévastatrices sévissent en moyenne une fois tous les cinq ans.

par degré géographique. Le gradient de pression (qui est en quelque sorte une pente) sera fort avec une dépression très creuse située à faible distance d'un anticyclone et quasiment nulle dans un « marais barométrique ».

On détermine ainsi la vitesse du vent sur une carte, en considérant la distance en degrés qui sépare deux isobares, lignes d'égale pression tracées de 5 mb en 5 mb.

Si sa vitesse est inférieure à 20 km/h, le vent se déplace avec régularité.

Au-delà, le frottement sur le sol crée des mouvements tourbillonnants qui le retardent localement, provoquant des rafales, ou « coups de vent ».

Pour une vitesse de 60 km/h, on peut enregistrer des rafales de 100 km/h, qui se succèdent trois à six fois par minute.

■ LA PUISSANCE DU VENT est impressionnante : dès 25 km/h, il produit une pression d'1 g sur la surface d'un timbre-poste ; pour 145 km/h (forte tempête) la pression atteint 6 kg sur la surface d'une simple feuille de papier. Un arbre arraché est une illustration concrète de cette puissance, des dégâts importants pouvant survenir dès 80 km/h. Les unités de vitesse utilisées sont : le nœud (kt), le mètre par seconde (m/s), le kilomètre par heure (km/h) et l'échelle de Beaufort (1 kt = 1,85 km/h et 1 m/s = 3,6 km/h).

■ Le régime des brises

Le vent le plus simple est la brise, à ne pas confondre avec la bise, vent froid venu du nord. La brise est tout simple-

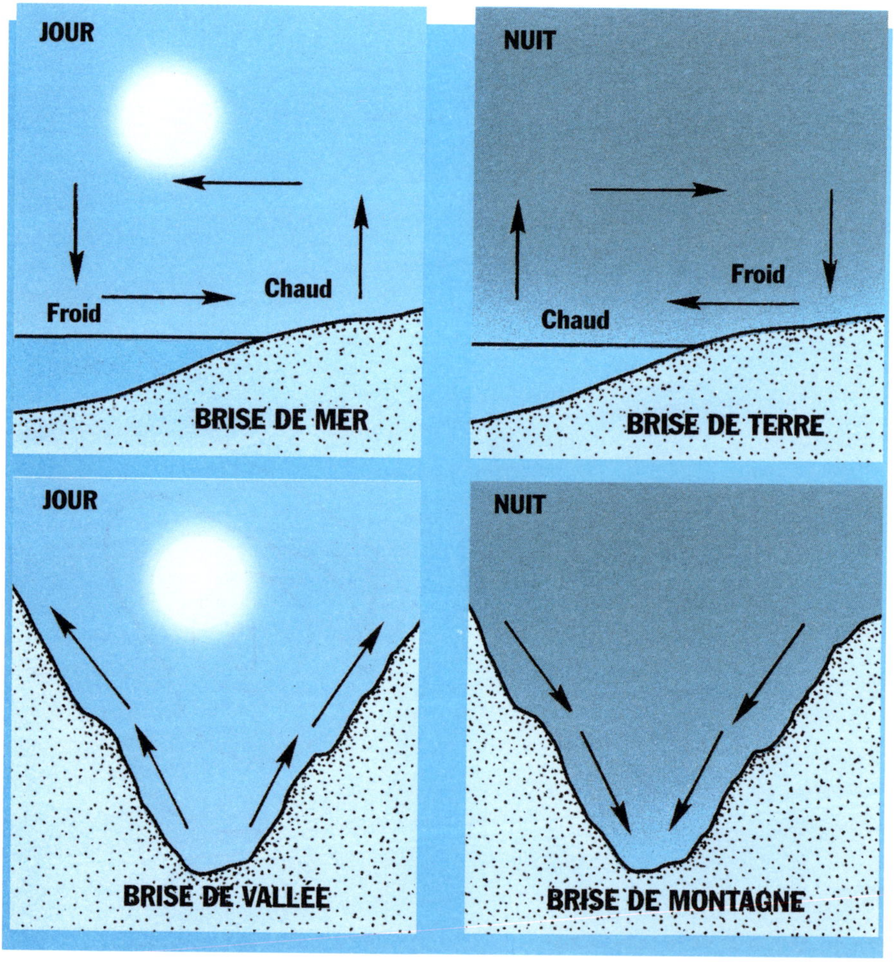

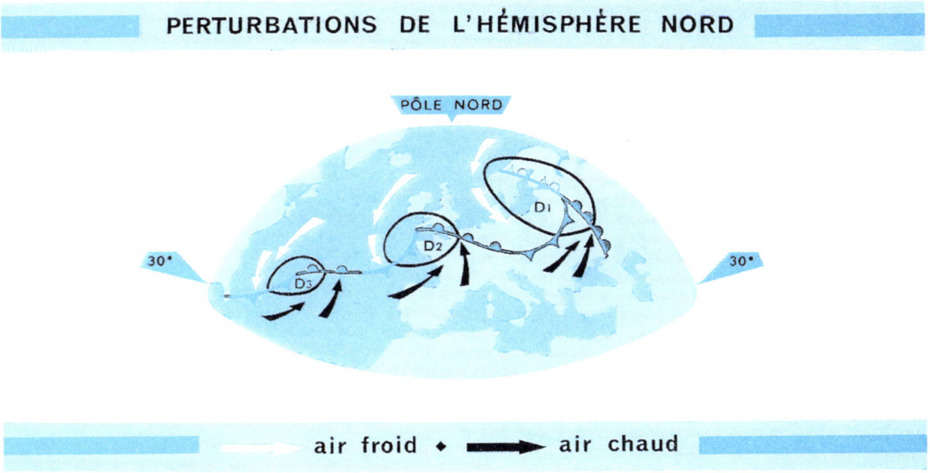

Carte des perturbations de l'hémisphère Nord

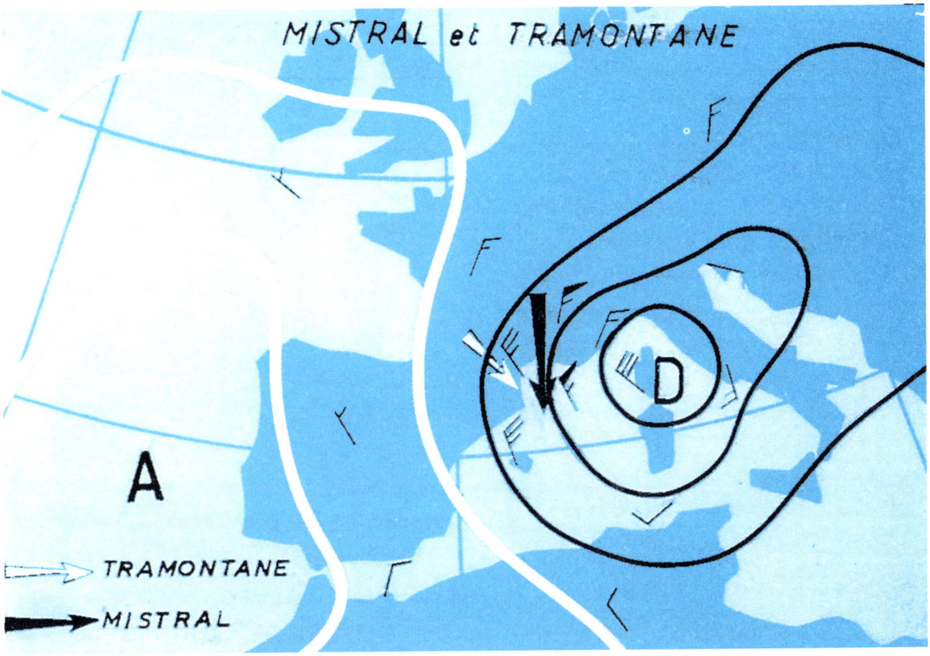

Carte du mistral et de la tramontane

ment une circulation d'air entre deux zones de température différente.

*

Cerne de lune,
n'abat jamais mât de hune,
car le voyant,
le capitaine attend grand vent.

*

→ Brise de mer et brise de terre

La plus connue est la brise de mer, qui souffle de la mer vers la terre dans la journée, et en sens inverse la nuit, sur une couche de moins de 1 000 m d'épaisseur. La brise est atténuée lorsque le temps est nuageux, mais elle dépend aussi du couvert végétal sur le littoral et de l'orientation de la côte. Le phénomène est dû au fait que, dans la journée, la terre se réchauffe plus vite que la mer. L'air qui surmonte la mer, plus froid, se dirige vers la côte où la température plus élevée crée une dépression locale, donc un appel d'air. La nuit, au contraire, la mer cède lentement la chaleur emmagasinée et la terre est relativement plus froide; le sens du vent s'inverse.

■ LA BRISE DE MER débute généralement trois heures après le lever du soleil, atteint son maximum vers midi solaire et disparaît en milieu ou en fin d'après-midi. Elle souffle entre 15 à 20 km/h, donnant parfois un vent soutenu plus rapide. On la ressent jusqu'à 35 km dans l'intérieur des terres. Les brises de mer sont plus marquées au printemps et en début d'été, lorsque l'écart de température entre l'océan et le continent est plus important.

■ LA BRISE DE TERRE est moins forte que la brise de mer, atteignant rarement 15 km/h (en fin de nuit), mais elle est plus régulière et soutenue. Elle apparaît dès le coucher du soleil ou un peu avant, pour disparaître au lever du jour ou juste après. L'absence de brise de terre, lorsqu'il fait beau, est l'annonce de l'approche d'une perturbation car cela traduit une égalisation des températures. Chaque petite baie possède son régime de brises, qui

→ L'ÉCHELLE DE BEAUFORT

Au XVIIe siècle, le marin anglais Charles Tomlinson a, le premier, proposé une échelle de vitesse du vent, mais c'est celle du capitaine de frégate Francis Beaufort qui a été retenue, en 1906.
Cette échelle a été adoptée officiellement en 1926 à Vienne, lors d'une conférence de l'Union météorologique internationale. Elle comporte 13 divisions, établies en fonction des effets sur la voilure. Elle va du degré 0 (impossibilité de manœuvrer le bateau) au degré 12 (impossibilité de hisser une voile). On l'a étendue par la suite à la description de ses effets sur mer, puis sur terre. Un « Avis de coup de vent » correspond à force 8, et une tempête à force 10.

finalement s'harmonise avec celui de l'ensemble de la côte. C'est surtout vrai pour la brise de terre, qui peut prendre en début de nuit une multitude de directions, avant d'atteindre un régime régulier en fin de nuit.

*

Vent au visage,
rend marin sage.

*

→ Brise de montagne

En montagne, les différences d'ensoleillement entre vallées et sommets entraînent des phénomènes identiques : le jour, la vallée étant moins chaude que le sommet ensoleillé, la brise remonte le long des pentes ; la nuit, le sommet étant plus froid que la vallée, qui s'est réchauffée, et la brise descend les pentes.

*

Vent du soir ou pluie du matin
n'arrêtent pas le pèlerin.

*

■ Les vents régionaux

En Méditerranée, parler d'un vent de nord-ouest ou de sud-ouest ne veut rien dire, car chaque vent porte un nom propre. Le plus connu, en France, est le mistral, vent fort et froid qui vient du nord et dévale la vallée du Rhône, affectant la Provence et la Corse. Il souffle surtout au printemps et en automne.

→ LA MOUSSON, UNE BRISE DE GRANDE AMPLEUR

Le même phénomène se produit à l'échelle d'un continent entier : ce sont les moussons. L'hiver, le continent étant plus froid que l'océan, le vent souffle dans le sens terre-mer. C'est l'inverse en été : le vent, chargé d'humidité après son trajet sur l'océan, apporte des pluies abondantes.

→ Le mistral et le marin

■ LE MISTRAL résulte d'une forte différence de pression entre un anticyclone situé sur le nord de la France et une dépression centrée sur le golfe de Gênes, sa vitesse étant accentuée par l'encaissement de la vallée du Rhône, en particulier au niveau du rétrécissement de Donzère, au sud de Montélimar. C'est d'ailleurs là que sont enregistrées les vitesses les plus élevées.

Un coup de mistral atteignant 70 km/h, avec des rafales à 110 km/h n'est pas chose exceptionnelle et on a remarqué que le mistral était souvent deux fois plus fort de jour que de nuit. Le mistral « blanc » est celui qui souffle quand l'air froid est d'origine continentale (sec et stable) ; il ne s'accompagne ni de nuages ni de pluies.

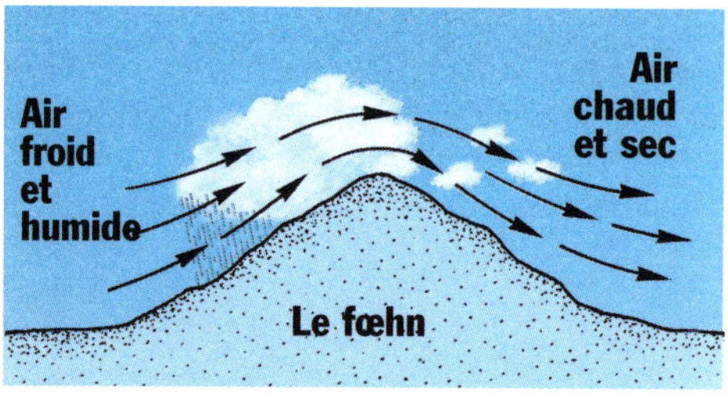

Lorsque l'air froid d'origine polaire maritime est humide et instable, le mistral devient « noir », car il s'accompagne de nuages bas, qui apportent des grains. En hiver, il peut même neiger. Souvent, le mistral est blanc sur la Provence et sur la mer, alors qu'il est noir en Corse.

■ LE MARIN, à l'opposé du mistral, est un vent doux et humide, avec des pluies, soufflant du sud-est, du sud ou du sud-ouest sur le golfe du Lion. Ce vent est toujours observé à l'avant d'un front chaud.

→ La tramontane et l'autan

■ LA TRAMONTANE est un vent froid du nord-ouest, l'autan un vent sec et chaud du sud-est. Tous deux affectent le Languedoc et le Roussillon, soufflant de Toulouse à Carcassonne pour le premier, dans le sens inverse pour le second. Comme pour le mistral, on distingue l'autan blanc, qui peut souffler pendant plus d'une semaine, et l'autan noir, qui dure moins longtemps mais s'accompagne de pluies.

■ NE PAS CONFONDRE la tramontane avec la tramontana, un vent de nord à nord-est, rarement très violent, qui peut atteindre la Corse, et fait suite à un coup de mistral.

→ Le fœhn

■ CE VENT CHAUD ET SEC, en soufflant sur le versant méridional des Alpes ou des Pyrénées, provoque une brusque élévation de température qui peut atteindre 10 à 15 degrés en une heure. Il est donc générateur d'avalanches en entraînant la fonte brutale des neiges. Dans la vallée, il y a risque d'incendie avec le dessèchement de la végétation. Le fœhn sévit notamment en Suisse et en Autriche. S'il est chaud, c'est parce que l'air, en descendant le flanc de la

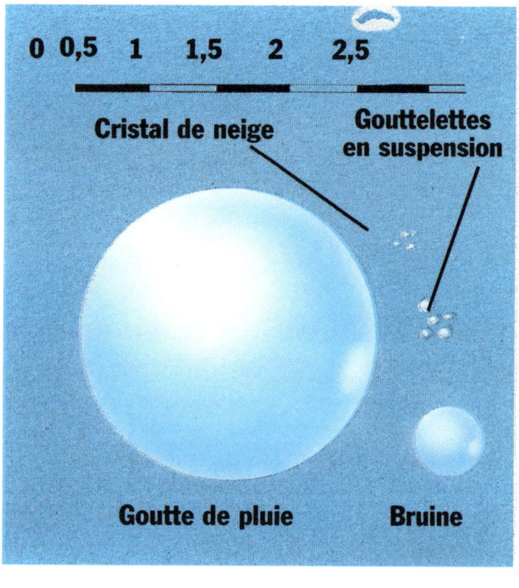

LA GRÊLE

Une averse est précédée de rafales de vent froid en provenance du nuage et peut entraîner des chutes de grêlons. Certains grains de glace ne sont pas entièrement solides mais formés de neige fondue, entourée d'une pellicule de glace, translucides, de 2 à 5 mm de diamètre. Ce sont alors des grains de grésil, stade intermédiaire entre la grêle et la pluie. Ce qui n'est au départ qu'une banale goutte d'eau se transforme progressivement, en prenant de l'altitude, en une petite bille de glace qui grossit en s'enrobant de couches de glace successives, pour dépasser 5 mm de diamètre. Certains comptent jusqu'à 25 couches successives, disposées à la manière de pelures d'oignons. Les grêlons sont opaques dansles zones supérieures du nuage et transparents dans la partie inférieure, plus chaude.Leur diamètre va de 5 mm à 5 cm de diamètre, mais certains peuvent exceptionnellement être bien plus gros, avec une vitesse de chute qui dépasse 100 km/h. Il arrive que l'on trouve au cœur des grêlons des insectes qui ont éte aspirés dans le nuage par de puissants courants ascendants.

montagne, s'échauffe par compression. S'il est sec, c'est parce qu'il a perdu son humidité au sommet du versant opposé.

■ L'EFFET DE FŒHN désigne tout processus similaire : c'est ainsi que le dégagement rapide du ciel dans la vallée du Rhône, avec des vents du nord ou du nord-ouest, correspond à un effet de fœhn par-dessus les monts du Lyonnais et du Beaujolais.
C'est également un effet de fœhn qui explique la sécheresse de la plaine d'Alsace et la pluviosité du bassin lorrain. On recueille ainsi 700 mm de pluie sur une bande allant de Mulhouse à Strasbourg, à comparer aux 2 000 mm qui arrosent le versant ouest du ballon d'Alsace.

Les hydrométéores

Les météores correspondent à tous les phénomènes se déroulant dans l'atmosphère. La « météorologie » est ainsi, étymologiquement, « meteoro-logos », le discours sur les choses élevées dans l'air. Aristote, en 340 avant notre ère, fut le premier à utiliser ce mot. Il existe des photométéores, des électrométéores et des hydrométéores. Ces derniers correspondent à toutes les précipitations, la pluie, la neige ou même la rosée, sans oublier le brouillard.

■ La pluie

Il y a loin entre l'apparition d'un nuage et la chute d'une averse, car la taille des

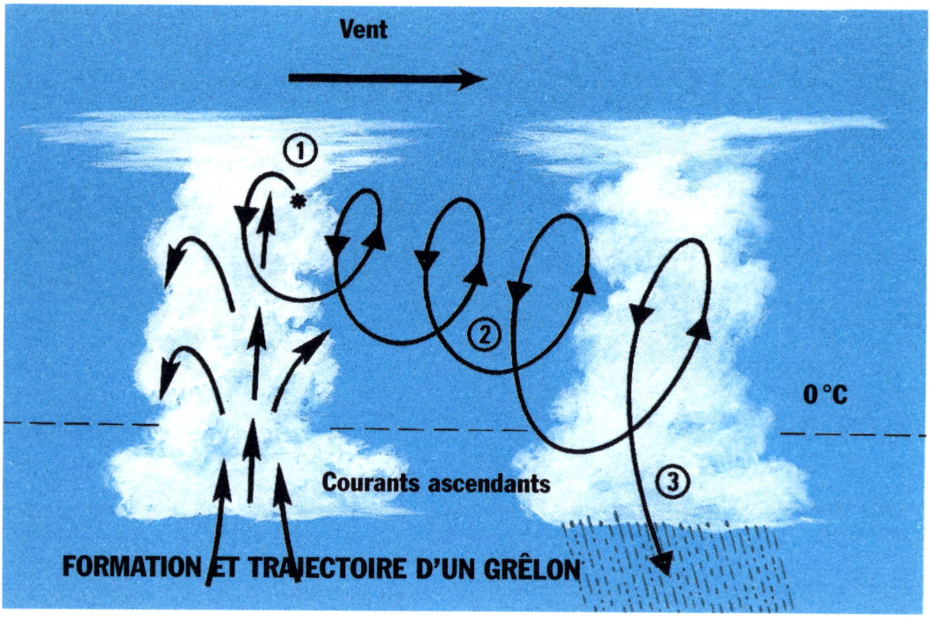

gouttelettes d'eau et des cristaux de glace ne permet pas toujours aux nuages de précipiter. Au départ microscopiques et donc très légères, les particules restent en suspension grâce aux courants ascendants. C'est pourquoi seuls certains types de nuages donnent de la pluie.

→ Pourquoi pleut-il ?

L'air humide qui se refroidit donne naissance à un nuage : exactement comme la buée se forme au sortir de notre bouche, en hiver. Les gouttelettes résultant de cette condensation en nuage ne tombent pas parce qu'elles sont trop petites : leur taille dans les nuages s'échelonne entre 2/1000 et 2/100 de mm, cette dimension supérieure correspondant au brouillard.
Des courants ascendants circulant à l'intérieur du nuage développent en permanence une poussée égale ou supérieure à leur poids, et pour qu'il pleuve, la pesanteur doit devenir dominante. Il faut pour cela que les gouttelettes du nuage aient un diamètre supérieur à 1/10 de mm, ce qui suppose la réunion (coalescence) de plusieurs dizaines de milliers de gouttelettes originelles. Les effets conjoints de la pesanteur et de la résistance de l'air cessent alors de s'équilibrer et les gouttes, devenues suffisamment grosses, dépassent la vitesse limite de chute. Cepen-

dant, elles tombent parfois si lentement qu'elles s'évaporent avant d'avoir touché le sol et, dans cette situation, on a des « virga » visibles sous forme de traînées grises qui pendent sous le nuage.

➔ De la bruine à l'averse

■ C'EST SEULEMENT lorsque la taille des gouttes dépasse 1/10 de mm que la précipitation devient perceptible et prend le nom de bruine.
Les gouttes de pluie sont beaucoup plus grosses (environ 1 mm) ; on notera qu'une multiplication par 100 du diamètre (entre la gouttelette du nuage au départ et la goutte de pluie formée après coalescence) correspond à un poids un million de fois supérieur ! Rien d'étonnant, alors, à ce qu'il pleuve franchement. La nature des précipitations au sol dépend donc de la hauteur de l'isotherme 0 degré, de la teneur en humidité du nuage, et des courants ascendants. Le diamètre des gouttes, au niveau du sol, varie entre 0,5 mm pour les pluies fines et 2 mm pour les grosses averses. On a cependant vu des gouttes d'eau de 6 mm de diamètre à l'occasion de grains violents.

■ LES AVERSES sont des pluies soudaines de courte durée (moins d'une heure ou de deux) considérées comme fortes quand elles produisent plus de 4 mm d'eau. Elles proviennent le plus souvent de cumulonimbus formés au niveau des fronts froids, ce qui explique qu'elles ne soient pas persistantes. Des nuages d'orage isolés peuvent produire

Brouillards de rayonnement, d'advection, côtier et de pente (de haut en bas)

BRUME ET BROUILLARD

Ils forment un seul et même phénomène, la différence concernant la distance de visibilité horizontale qu'ils permettent. Il y a brouillard si la visibilité est inférieure à 1 km. Entre 1 et 5 km, c'est de la brume, celle-ci pouvant être humide ou sèche. Lorsqu'elle est sèche, c'est une brume de pollution, renfermant des fumées et des gaz plus ou moins toxiques. Les marins, eux, parlent de brume dans tous les cas. Le brouillard est parfois si dense que la visibilité ne dépasse pas 40 m. La circulation routière devient alors très dangereuse, le brouillard étant la première cause des carambolages sur autoroute. Les décollages d'avions sont suspendus dès que la visibilité horizontale tombe en dessous 300 m (800 m pour les atterrissages).

des averses si fortes qu'elles entraînent des inondations locales, comme cela s'est produit en 1988 à Nîmes, en 1992 à Vaison-la-Romaine, ou en 1997 près de Rouen. La vitesse de chute de la pluie est en rapport avec le diamètre des gouttes, cette vitesse étant d'autant plus faible que le diamètre est réduit. La pluie tombe à 10 ou 15 km/h en moyenne, mais dans un crachin cette vitesse ne dépasse pas 4 km/h. En revanche, elle peut atteindre 25 à 45 km/h lors d'une bonne averse, qui peut débiter 100 mm d'eau à l'heure, 100 fois plus qu'une petite pluie !

*

Petite pluie abat grand vent.

*

■ SUR TOUTE LA TERRE, il pleut ou il neige annuellement 500 millions de milliards de litres d'eau. Les « réserves » atmosphériques permanentes n'étant que de 12 millions de milliards de litres, cette quantité est donc recyclée plus de 40 fois par an. Autrement dit, la durée moyenne d'existence d'une molécule d'eau dans l'atmosphère est de 9 jours. Les particules qui forment les noyaux de condensation étant précipitées avec la pluie, celle-ci « nettoie » l'atmosphère des poussières en suspension. Au-delà de ce délai, l'atmosphère est de nouveau polluée. L'eau de pluie précipitant ces polluants au sol, elle n'a pas la pureté qu'on lui prête. Elle est toujours plus ou moins acidulée, polluée. Ce qui lui permet de dissoudre les roches comme le calcaire.

■ Le brouillard

L'air est saturé lorsque toute la vapeur d'eau qui vient s'ajouter se trouve entièrement condensée. On voit alors apparaître soit du brouillard, soit de la bruine. L'un et l'autre sont formés de microscopiques gouttelettes d'eau qui planent au-dessus du sol en diffusant la lumière.

Ce n'est donc pas autre chose qu'un nuage dont la base touche le sol. Pour que la brume ou le brouillard apparaissent, il faut que l'air soit suffisamment calme, sans être complètement immo-

LES RECORDS

RECORDS DE VENT

Hormis les ouragans, typhons et autres tornades, les records de vitesse pour des vents réguliers sont assez élevés.

- Ainsi a-t-on enregistré des vitesses de 300 km/h dans l'Antarctique.

- En France, le sommet le plus exposé, comme son nom l'indique, est le mont Ventoux : on y a mesuré un vent de 245 km/h le 2 novembre 1956.

- Signalons la queue du cyclone Hortense, qui a dévasté le Périgord en 1983, la tempête d'octobre 1987 en Bretagne (218 km/h à la pointe de Penmarch) et la tempête du 2 février 1990 (rafales de 140 km/h en Beauce) qui a déraciné des arbres centenaires dans le parc du château de Versailles.

RECORDS DE PLUIE, NEIGE ET GRÊLONS

- Le record de pluviosité revient aux îles Hawaii, où il tombe en moyenne 13,2 m d'eau par an.

- Le record absolu est détenu par l'Inde : 26,46 m à Charrapungi, entre août 1860 et juillet 1861.

- Le mont Cameroun est également bien arrosé, avec 9,4 m, mais c'est sur l'île de la Réunion que le maximum d'eau a été recueilli en 24 heures, le 16 mars 1952, avec 1,9 m.

- Des précipitations d'une violence exceptionnelle ont affecté à plusieurs reprises, récemment, le sud-est de la France : 228 mm en 8 heures à Nîmes le 3 octobre 1988, 448 mm au Caylar (Hérault) les 21-22 septembre 1992, 300 mm d'eau déversée en quelques heures sur Vaison-la-Romaine (Vaucluse) le 22 septembre 1992, 792 mm en 24 heures à Joyeuse (Ardèche) le 9 octobre 1927.

- Taïwan a reçu une fois 1 245 mm en 24 h (soit plus de 50 mm/h).
I À Paris, du 14 au 16 mars 1979, il a plu pendant près de 37 heures sans interruption.

- La plus grande hauteur de neige est tombée à Silver Lake (Colorado), le 15 avril 1921, avec 193 cm en 24 heures durant l'hiver 1955-56.

- Les grêlons sont considérés comme exceptionnels lorsqu'ils dépassent 5 cm de diamètre, mais certains mesurent 40 cm !

- Le plus lourd grêlon recueilli en France, à Strasbourg, le 11 août 1958, pesait 970 g.

- Certains grêlons ont même dépassé le kilo : 1,2 kg à Bizerte en 1898 et 1,9 kg dans le Kazakhstan en 1959.

RECORDS DE SÉCHERESSE

- Le record mondial de sécheresse revient au Chili où, dans certains déserts (Iquique, Arica) du nord du pays, il tombe moins d'1 mm d'eau par an. En revanche, dans le sud de ce pays on compte 325 jours de pluie, jusqu'à 348 jours en 1916.

- Pour la France, une dizaine d'années de ce siècle ont été marquées par une grande sécheresse : 1901, 21, 47, 64, 76, 83, 89, 90 et 91.

- La sécheresse la plus sévère en intensité fut, en fait, celle de 1921. Alors qu'il tombe en moyenne 740 mm de pluie à Paris, on en a enregistré seulement 267 mm, l'équivalent d'un climat subdésertique.

- En France, la plus longue sécheresse n'a jamaisdépassé 97 jours : de juillet à octobre 1906 à Marseille. À Paris, le maximum a été de 55 jours sans pluie, de janvier à mars 1897.

bile. Tous les brouillards se ressemblent, mais on en distingue 4 sortes, selon leur mode de formation.

→ Brouillard de rayonnement

Il n'apparaît que sur terre, engendré par un refroidissement local et rapide du sol qui a perdu sa chaleur pendant une nuit claire. L'air en contact avec ce sol voit alors sa vapeur d'eau se condenser. Ce type de brouillard (mince couche de moins de 300 m d'épaisseur) se forme surtout au petit matin, à l'heure la plus froide, et dans les vallées, où l'air froid a tendance à s'accumuler. Mais il disparaît quelques heures après le lever du soleil. Notons (c'est un élément important pour la prévision) que le brouillard de rayonnement ne se forme que si l'air est stable (si la couche d'air est agitée, le brouillard est soulevé et transformé en stratus) et le ciel clair : c'est pourquoi après sa disparition, en milieu de matinée, le temps est beau pour le reste de la journée. Quand les nuits sont longues, en automne et en hiver, il peut persister plusieurs jours de suite.

→ LES CARACTÉRISTIQUES PHYSIQUES DE LA NEIGE

Les flocons de neige tombent lentement, à 2 km/h, car leur résistance à l'air est supérieure à celle des gouttes de pluie. Ils peuvent toutefois avoir une grande densité de chute : jusqu'à 30 000 flocons par heure et par mètre carré.

Mais, une fois fondue, la neige ne représente qu'une quantité d'eau minime. Le rapport entre la neige et l'eau varie entre 1 et 36 pour la neige sèche, entre 1 et 7 pour la neige humide. On considère qu'1 cm de neige, une fois fondu, donne 1 mm d'eau.

→ Brouillard d'advection

Un autre brouillard, d'advection (inverse de la convection, par déplacement d'air dans le sens horizontal), se forme lorsque la différence de température entre la terre et l'eau est très marquée (au moins 10 degrés d'écart). Ce brouillard se transforme parfois en bruine. Il résulte de la condensation d'une masse d'air chaud et humide passant sur une surface froide – un lac ou une rivière – dont on a l'impression que les eaux « fument ». Il est presque permanent sur les bancs de Terre-Neuve. Dans nos régions, le brouillard d'advection est plus fréquent en hiver qu'en été, et concerne principalement les endroits où règne un fort courant, car ce brassage entraîne souvent la remontée d'eaux froides. Il apparaît à n'importe quelle heure, le plus souvent à la fin d'une chute de pluie, en hiver. Au-dessus des terres, il tend à se dissiper dans la journée avec le réchauffement du sol, pour se reformer la nuit. En cas d'augmentation du réchauffement diurne, ou lorsque le vent se lève, la couche de brouillard s'élève pour se transformer en stratus. C'est un phénomène similaire que l'on observe l'été, lorsqu'une averse soudaine tombe sur une route chauffée par le soleil.

*

Brouillard à la nouvelle lune,
Signe de pluie pour le déclin de la lune.

*

→ Brouillard marin

Appelé aussi côtier, le brouillard marin est fréquent en mer quand de l'air chaud et humide se déplace au-dessus d'un courant froid. Il se forme souvent en fin de matinée lorsqu'il fait beau. L'apparition de la brise de mer, pendant l'inversion, provoque un peu de turbulence, qui crée la condensation de la vapeur d'eau. Cela ne se produit que l'été, en situation anticyclonique, avec une masse d'air très humide. Ainsi l'air chaud et humide du Pacifique transporté par le vent vers la côte californienne forme un brouillard quasi permanent au large de San Francisco, au contact du courant froid qui longe la côte. Le brouillard d'évaporation apparaît à l'inverse du précédent lorsqu'une masse d'air froid arrive sur une étendue d'eau plus chaude.

→ Brouillard de détente

Il résulte d'une baisse de pression ; on l'appelle aussi « brouillard de pente ».

Cristaux de neige

*

Brouillard sur le mont
reste à la maison,
Brouillard dans la vallée,
va à ta journée.

*

■ Rosée et givre

→ Rosée

Lorsque l'air proche du sol se refroidit et atteint le « point de rosée », en l'absence totale de vent, il y a formation de rosée. Cela se produit quand le temps se réchauffe après une période de froid, ou à la fin des nuits d'été, par ciel dégagé. Ces gouttelettes de rosée se déposent en particulier sur les végétaux, brins d'herbe ou pétales de fleurs. C'est l'équivalent de ce que nous appelons la buée, qui se dépose par exemple sur les bouteilles sortant du réfrigérateur. La rosée est un hydrométéore de très faible volume, qui s'évapore rapidement dès les premiers rayons du soleil.

*

Herbe sans rosée, signe de pluie.

*

→ Givre et gelée blanche

En hiver, quand la température est négative, la rosée se transforme en gelée blanche, ou en givre s'il fait vraiment très froid. Ce dernier dessine de magnifiques dentelles blanches de cristaux de glace sur les branches des arbres, ou sur les vitres de pièces non chauffées. De même, les brouillards peuvent être givrants au contact d'une surface froide, sur laquelle ils déposent une fine couche de givre.

*

Après trois gelées blanches,
eau en avalanche.

*

■ Tombe la neige

La neige, comme la grêle et le grésil, appartient à la catégorie des hydrométéores solides. Au départ, elle a une structure cristallisée, puis elle se déforme en tombant pour prendre l'aspect des flo-

→

Le temps, ce n'est un secret pour personne, agit sur notre caractère. La pluie engendre tristesse et mélancolie, le brouillard provoque une sensation de malaise et d'oppression. À l'inverse, on est souvent de bonne humeur dès qu'un rayon de soleil apparaît. Le temps, indéniablement, influe sur notre comportement et agit sur notre santé. C'est le rôle de la biométéorologie que de préciser ces influences du temps et du climat sur l'homme. L'optimum du confort et du bien-être correspond à une température de 18 °C pour une humidité de 75 %; le taux d'humidité doit toutefois être ramené à 55 % en cas de travail intellectuel.

La biométéorologie étudie aussi les relations du climat avec les plantes (phytologique) et les animaux (zoologique). La biométéorologie humaine se subdivise elle-même en physiologique, sociale, urbaine, pathologique, etc.

Il est très difficile de dissocier les facteurs météo qui agissent sur nous, car ils sont très liés les uns aux autres. Ceux qui ont le plus d'influence sont la température, la pression, le degré hygrométrique, le vent, l'électricité atmosphérique et l'ionisation de l'air.

LES EFFETS DE LA PRESSION ATMOSPHÉRIQUE

Sa baisse favorise les insomnies et réveille les douleurs liées aux rhumatismes, du fait que les tissus se gorgent d'eau et gonflent. La pression atmosphérique est liée à divers malaises. Si elle est trop basse – le seuil est variable selon les individus – elle peut affecter les systèmes respiratoire et cardiaque. C'est le « mal des montagnes », dont les symptômes sont : difficultés respiratoires, sensation de fatigue, nausées, vertiges, bourdonnements d'oreilles. L'accoutumance à l'altitude doit être très progressive. Pour un sujet bien portant, aucun symptôme lié

LA BIOCLIMATOLOGIE

à la baisse de pression ne se manifeste au-dessous de 3 000 m. Au-delà, des problèmes respiratoires peuvent apparaître. Souvent, après une demi-journée passée en haute altitude, céphalées et insomnies apparaissent. Mais on peut vivre à des pressions inférieures : dans les Andes, des Indiens habitent des villages à 5 000 m d'altitude, la pression atmosphérique y est moitié moindre qu'au sol. Difficile d'aller au-delà, sauf pour de courtes durées : au sommet de l'Everest, où la pression n'est que de 300 millibars, respirer sans bouteille d'oxygène pendant plus de dix minutes est impossible.

LES EFFETS DE L'ENSOLEILLEMENT

Le soleil a des effets bénéfiques sur l'organisme. Un manque de soleil provoque la dépression hivernale. Un défaut d'exposition au soleil peut conduire à la tuberculose et, chez les enfants, au rachitisme (par carence en vitamines D). Il faut cependant rester dans des limites raisonnables, car si le bronzage est un signe extérieur de bonne forme, les rayons ultraviolets responsables de la pigmentation de la peau n'en sont pas moins nocifs à forte dose. Une peau blanche, privée de soleil depuis plus de six mois, réagit en une vingtaine de minutes d'exposition seulement : c'est la durée qu'il ne faut pas dépasser pendant les deux ou trois premiers jours. À long terme, les surexpositions solaires peuvent entraîner l'apparition de cancers cutanés et de cataractes.

À court terme, les ultraviolets sont susceptibles de provoquer de graves dommages aux yeux. Le soleil est particulièrement dangereux en montagne, où les rayons UV sont moins filtrés en raison de l'altitude. Par rapport au niveau de la mer, le rayonnement est accru de 50 % à 2 000 m, et multiplié par 2,5 à 4 000 m. De plus, sa réflexion est accentuée sur la neige. Un ciel nuageux absorbe peu les rayons UV et donne une impression de sécurité. Plus on se rapproche de l'équateur et du solstice d'été, plus la quantité d'ultraviolets reçue est importante. Au-delà du simple bronzage peuvent survenir des brûlures, puis des nausées accompagnées de vertiges et parfois un coma. Des lésions pulmonaires antérieures peuvent se réveiller.

LES EFFETS DU VENT

L'action des vents diffère suivant leur vitesse et leur direction. Les vents violents influent sur les tempéraments nerveux en les excitant. Il a ainsi été montré que les bagarres dans les cours d'école sont plus fréquentes par grand vent. Les vents continentaux, secs, sont les plus malsains, car ils dessèchent la peau et irritent les bronches. Les vents marins sont tonifiants, car les embruns qu'ils véhiculent contiennent de l'iode. Une bonne brise peut être vivifiante, mais au-delà de « vent frais » le vent est irritant (il soulève la poussière et refroidit).

Au-delà d'une certaine vitesse du vent, la peau transmet des signaux d'alarme au cerveau : on devient inquiet, irritable, voire angoissé. La pression du vent croît comme le carré de la vitesse. Étant donné quenous exposons environ 1 mètre carré de peau, il s'ensuit une poussée de 400 g sous un vent de force 2 (pour lequel on commence à sentir le mouvement de l'air sur la peau), qui passe à 10 kg entre la force 5 et 6, et atteint 50 kg à force 10... À force 6, il faut véritablement lutter pour marcher face au vent, et tout mouvement est quasiment impossible à force 7. Par l'évaporation qu'il provoque au niveau de la peau, le vent est aussi un facteur important de refroidissement. La sensation de froid sera plus intense par une température de + 5 °C avec vent que par une température de – 5 °C sans vent. Une température de 5 °C par temps calme correspond à 0 °C pour un vent de 15 km/h. Et pour 45 km/h, l'équivalent est de – 10 °C ! Il faut retrancher environ 1 °C tous les 3 km/h.

LES EFFETS DU BROUILLARD

On enregistre un plus grand nombre de décès lorsqu'il persiste longtemps, en raison du plus grand nombre de germes véhiculés par les gouttelettes en suspension. « Hiver de brouillards, hiver de corbillards », dit-on justement dans certaines campagnes...

LES EFFETS DE LA CHALEUR

On note une surmortalité importante (10 à 70 %), surtout chez les personnes âgées, après des fortes chaleurs. Un autre danger est représenté par l'insolation, qui résulte de l'exposition à une température élevée. Maux de tête, vertiges, fatigue extrême, perte de l'appétit et sueurs froides en sont les principaux symptômes, bien que la température corporelle soit normale.

Quant au « coup de chaleur », il constitue une urgence médicale. Il survient à la suite d'un exercice intense et prolongé, ou dans une ambiance saturée en vapeur d'eau (85 % d'hygrométrie). Tout commence comme une insolation banale, mais la situation s'aggrave rapidement. La démarche devient titubante, et un état comateux succède aux troubles du comportement. La température du sujet peut dépasser 40 °C. Conseil : boire souvent, même si l'on n'a pas soif, et éviter la consommation d'alcool et de boissons diurétiques (thé, café).

LES EFFETS DE L'HUMIDITÉ

La température et l'humidité sont liées. On supporte mieux une forte température si le degré hygrométrique est faible, car la chaleur moite empêche la transpiration qui refroidirait la peau. Ainsi notre sensation est identique dans un air à 30 °C contenant 20 % d'humidité et dans un air à 25 °C mais chargé de 85 % d'humidité.

Au chapitre des influences du temps et du climat sur les hommes, certains historiens pensent que des cataclysmes météorologiques sont à l'origine de grands événements, qu'il s'agisse de révolutions, de crises économiques, ou d'invasions. Certains expliquent la chute de l'Empire romain par une sécheresse persistante autour du bassin méditerranéen. La migration des Mongols en Europe, au Moyen Âge, est interprétée de la même façon. Au XVe siècle, une période de climat doux entraîna une certaine prospérité : la grande époque des châteaux de la Loire.

Le règne de Louis XIV fut marqué météorologiquement : glorieux jusqu'en 1685 durant plusieurs dizaines d'années de beau temps, puis sinistre après cette date, en coïncidence avec une série d'hivers d'une extrême rigueur...

Plus près de nous, le déclenchement de la Fronde (guerre civile d'août 1648), ou de la Révolution française (juillet 1789), aurait été provoqué par des calamités agricoles.

cons bien connus. Si la température au sol est trop élevée, les flocons ressemblent à de grosses gouttes de pluie et donnent ce que l'on appelle communément de la neige fondue. C'est en fait, plus exactement, de la neige « fondante » puisque la neige fondue est, tout simplement, de l'eau !

→ Les cristaux

■ CE SONT LES POUSSIÈRES en suspension dans l'air qui constituent les noyaux microscopiques sur lesquels la vapeur d'eau se cristallise pour former de la neige. Cela se produit lorsque l'air est sursaturé, autrement dit refroidi au-dessous de son point de saturation. La neige se forme par des températures inférieures à - 40 degrés, les gouttelettes d'eau condensent en fins cristaux de glace et attirent à elles d'autres gouttes qui cristallisent à leur tour pour former des flocons. Quand ils atteignent un poids suffisant, ils commencent à tomber.

■ LES CRISTAUX DE NEIGE, devenus jusqu'à dix fois plus lourds qu'au moment de leur formation, commencent à tomber. Au cours de leur chute, ils en capturent d'autres par coalescence et grossissent encore. Finalement, cet agglomérat de cristaux donne un flocon de neige. Les cristaux de neige, agglutinés en flocons, offrent une grande variété de prismes à six branches. Cette symétrie hexagonale provient de la structure moléculaire de l'eau gelée. Il n'existe pas deux cristaux identiques, chaque forme résultant d'une série évaporation-condensation-sublimation, après dépôt autour d'un minuscule noyau hexagonal de glaciation. Généralement, les flocons de neige fondent rapidement pendant leur chute et se transforment en pluie. Ces gouttes amalgamées atteignent 6 mm de diamètre. Les gouttes de pluie, assez éloignées les unes des autres, ont un diamètre compris entre 0,5 et 6 mm. La bruine, plus fine, concerne les gouttes de moins de 0,5 mm. S'ils ne traversent pas de couches d'air chaud, les flocons ne fondent pas et tombent au sol sous forme de neige.

→ Les types de neige

■ SI LA TEMPÉRATURE est inférieure à 0 °C au sol, les flocons restent intacts pendant leur chute, ils donnent une neige fine et sèche : la poudreuse, idéale pour le ski.

■ LA NEIGE HUMIDE est composée de cristaux qui ont subi un début de fusion et se sont agglomérés entre eux. Elle est idéale pour faire des boules de neige.

■ LA NEIGE D'AIR POLAIRE résulte d'un air froid par vent du nord. Il neige alors en plaine.

■ LA NEIGE DE REDOUX tombe au passage d'un front chaud, à partir d'altostratus d'aspect blafard, après une série de belles journées. La température se radoucit, et le soir la neige se met à tomber. Cette situation est fréquente à Noël et début janvier.

4

De l'orage dans l'air

Il se produit à tout moment, sur Terre, quelque 1 800 orages, générant 100 coups de foudre par seconde, et 100 000 averses ! Chaque jour 44 000 orages éclatent, produisant au total 8 millions d'éclairs. La France reçoit, à elle seule, un million de coups de foudre par an. Les nuages orageux se déplacent en moyenne à 35 km/h et naissent au contact de deux masses d'air contrastées : l'une très chaude, l'autre très froide. Cette dernière, en s'insinuant avec force sous la première, la soulève en provoquant la condensation brutale de vapeur d'eau. Plus la zone de contact entre air chaud et air froid est étroite, plus l'orage est violent. L'instabilité qui conduit à un cumulonimbus orageux peut venir de la chaleur du sol, mais aussi du soulèvement de l'air par une montagne. L'orage est toujours impressionnant par ses effets visuels et sonores, mais l'examen des chiffres l'est tout autant. On ne soupçonne pas, en effet, qu'il puisse frapper 800 000 fois par an une superficie comme celle de la France, pourtant relativement réduite à l'échelle du globe, et que l'on ait compté jusqu'à 74 000 impacts en une seule journée (le 28 juillet 1994).

Le temps des orages

Le calme avant l'orage : l'expression commune traduit bien cette réalité naturelle que nous avons tous vécue. Le vent vient de tomber, l'air est surchauffé, la Nature semble retenir son souffle. Une dizaine de minutes s'écoulent, puis le vent se lève, plus frais. Soudain, un premier éclair zèbre le ciel, un déluge de grosses gouttes d'eau s'abat sur le sol. Le spectacle va commencer... Ainsi débutent les orages, dont l'arrivée est annoncée par une soudaine irruption d'air froid, qui précède l'averse d'environ 5 km.

■ Pour « fabriquer » un orage

→ Instabilité, chaleur, humidité

■ LES ORAGES D'ÉTÉ naissent dans la chaleur des après-midi ensoleillées, lorsque la convection de l'air, déjà très forte, se trouve renforcée par une instabilité en altitude qui déclenche de violents courants ascendants. Si l'air est chargé d'humidité, la combinaison de ces deux conditions conduit à la formation d'un nuage très développé dans le sens vertical. Les courants ascendants très violents qui circulent au sein de ces nuages naissent de la grande différence de température (jusqu'à 90 °C) entre la base et le sommet. Car dès que la température de condensation est atteinte, cette dernière provoque un dégagement de chaleur, à raison de 600 000 calories par litre d'eau. Sachant que 250 calories suffisent

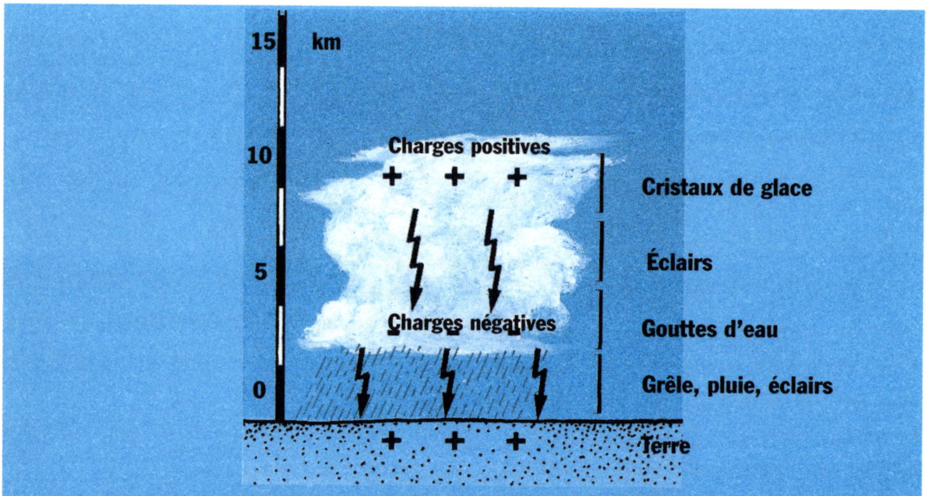

Naissance d'un éclair dans un cumulonimbus

pour augmenter d'1 °C la température d'1 litre, on voit que même une faible teneur en eau provoquera l'échauffement de la masse d'air en ascension. Devenue plus chaude que la masse d'air environnant, elle poursuivra son ascension, créant une instabilité verticale. D'où la formation de nuages à grand développement vertical, dont la base se situe à 1 000 m du sol et dont le sommet frôle la troposphère, à plus de 10 000 m sous nos latitudes. Un gros cumulonimbus absorbe 9 000 tonnes de vapeur d'eau par seconde ! Et il en déverse la moitié en même temps... Pour « fabriquer » un orage d'été, il faut donc que l'atmosphère soit tout à la fois instable, chaude et humide.

→ RECHERCHE

Les scientifiques cherchent à comprendre les orages pour mieux en prévoir les effets. Les premières études expérimentales ont commencé en France en 1973, par une collaboration entre EDF et le CEA (Commissariat à l'Énergie Atomique) à Saint-Privat-d'Allier, près du Puy-en-Velay. Elles consistaient à provoquer artificiellement des déclenchements de foudre pour observer ce qui se passe à l'aide de caméras filmant à grande vitesse. D'autres déclenchements de foudre sont effectués par le département Études et recherches d'EDF sur le site des Renardières, près de Melun.
Depuis 1984, plusieurs campagnes d'étude intensive des orages ont été organisées à l'intérieur même des nuages orageux, au moyen d'avions spécialement équipés.

■ COMME LES NUAGES ORAGEUX sont avides de vapeur d'eau, ils vont chercher cette humidité là où elle se trouve. C'est pourquoi les orages suivent souvent les rivières et les vallées encaissées. Quant aux montagnes, si elles sont des sites orageux privilégiés, c'est parce qu'elles favorisent l'ascension de l'air chaud. Il y a aussi des orages de mer, qui surviennent souvent la nuit (sur terre, c'est l'inverse). À l'intérieur du nuage, deux courants verticaux coexistent, descendant au centre, ascendant à la périphérie, leur vitesse pouvant atteindre 110, voire 140 km/h. Sous le nuage, l'air froid entraîné par les averses s'étale et rejette l'air chaud en altitude. Au sol, on assiste au passage d'un grain, qui se traduit par des rafales de vents, une chute de la température et de violentes précipitations sous forme d'averses de pluie. Une partie des précipitations s'évapore et humidifie l'air environnant en le refroidissant. De la grêle ou du grésil se forme ainsi dans ce type d'orage.

→ Les cellules

■ LA PLUPART DES ORAGES sont constitués de plusieurs cellules, d'environ 10 à 30 km de diamètre chacune, interagissant les unes avec les autres. Cette dimension relativement faible explique le caractère local des orages. Ces structures sont influencées par des effets

→ LES EFFETS DE LA FOUDRE

Les effets biologiques d'un coup de foudre vont de la simple commotion à la mort (un cas sur trois), en passant par des brûlures graves. La nature de la peau a son importance, une peau sèche étant cent fois plus résistante au passage du courant qu'une peau humide. Comme l'éclair se propage le plus souvent à la surface du corps, les parties les plus humides de la peau sont le siège de brûlures superficielles. Les brûlures profondes n'apparaissent qu'aux points d'entrée et de sortie du courant électrique. Le choc électrique peut engendrer une réaction musculaire susceptible de projeter la victime à distance et entraîner des traumatismes. Si le courant de foudre rencontre sur son trajet le muscle cardiaque, la fibrillation ventriculaire qui en résulte peut entraîner la mort. Les yeux et les oreilles ne sont pas épargnés, la rupture du tympan et la cataracte étant des lésions courantes, parfois retardées de quelques semaines, voire quelques mois. La foudre fait entre 30 et 50 victimes par an en France (plus de 100 au siècle dernier), par brûlures ou électrocution. Les animaux paient un tribut encore plus lourd, avec plusieurs milliers de têtes de bétail frappées chaque année. Quand la foudre touche le sol, elle déclenche des ondes qui se propagent comme des rides à la surface de l'eau. Si les bovins sont particulièrement vulnérables, c'est parce qu'en raison de leur taille ils se retrouvent souvent avec les pattes avant sur une onde et les pattes arrière sur une autre, d'où la circulation d'un courant électrique à travers leur corps, provoquant un arrêt cardiaque.

locaux, liés notamment au relief. Les systèmes orageux qui produisent le plus d'éclairs nuage-sol sont ceux de taille moyenne, formés de plusieurs orages multicellulaires.

■ LES STRUCTURES ORAGEUSES ne sont cependant pas toutes identiques. Il en existe essentiellement trois catégories : des « complexes convectifs de moyenne échelle » (systèmes circulaires de grande extension), des « lignes de grains » (structures alignées) et des « supercellules » (structures quasi stationnaires possédant des courants ascendants et descendants intenses).
Les orages les plus dévastateurs naissent dans ces supercellules, qui peuvent persister pendant plusieurs heures et s'étaler sur une longueur de 50 kilomètres. Les supercellules présentent un fort cisaillement de vent (vents contraires sur de faibles épaisseurs), avec de l'air chaud et humide près du sol, et de l'air sec en altitude.

■ Évolution d'un orage

→ La vie d'une formation orageuse

Schématiquement, la vie d'une formation orageuse comporte trois stades.

■ LE STADE CUMULUS : un nuage de ce type, banal au départ, se développe avec une grande extension verticale.

Son sommet peut dépasser 8 000 m et les courants ascendants excéder les 100 km/h.

■ LE STADE DE MATURITÉ voit le début des précipitations et la chute des températures.

■ LE STADE TERMINAL : ne subsistent que des courants descendants qui réchauffent le nuage et stoppent les averses. En altitude, le sommet est étalé par les vents qui lui donnent la forme d'une enclume.

→ Les phases de l'orage

Si la formation d'un cumulonimbus se déroule en trois étapes, l'orage proprement dit peut se décomposer en cinq phases, le cycle total durant généralement de 20 à 30 minutes, parfois le double.

■ **1.** PHASE DE DÉCLENCHEMENT. Elle débute quand une force de soulèvement, (la force orographique en montagne) provoque une ascendance de l'air chaud jusqu'au niveau de condensation. Cela se produit aussi quand une masse d'air au départ homogène devient instable après avoir été fortement réchauffée par la base. Sous nos latitudes, cela se produit seulement en été, généralement dans un « marais barométrique ».

Le dégagement de chaleur dû à la condensation accroît la force et la vitesse du courant ascendant au sein du nuage en formation. Des précipitations commencent à se produire au sein du nuage, avec séparation des charges électriques : les charges négatives se placent à la base du nuage, les charges positives sous le sommet.

■ **2.** PHASE ACTIVE. Elle débute avec un premier éclair intranuage, puis les courants ascendants s'intensifient, les précipitations au sein du nuage deviennent importantes.

■ **3.** PHASE DE MATURITÉ. Un puissant courant ascendant coexiste avec un fort courant descendant. L'activité électrique intranuage est maximale, des éclairs nuage-sol commencent à éclater, tandis que des averses s'abattent sur le sol.

→ LA CARTE DES ORAGES

En France, les orages sévissent surtout l'été, dans l'après-midi. Leurs régions de prédilection sont le sud-ouest, la vallée du Rhône et le versant est du Massif central. Ils sont rares, en revanche, sur le littoral breton.

Au printemps, ils se localisent surtout près des côtes de la Manche (orages d'hiver).

En été on les trouve plutôt sur la côte landaise (lignes de grain), puis dans le sud-est en automne. En montagne se produisent des orages convectifs. Ce fut le cas le 3 octobre 1988 à Vaison-la-Romaine, avec 100 mm d'eau par heure !

■ **4.** PHASE D'EFFONDREMENT. Elle commence quand le courant ascendant perd de son intensité, tandis que le courant descendant reste maximal. L'activité électrique intranuage faiblit, mais l'activité nuage-sol atteint son paroxysme. Les précipitations au sol sont encore intenses et très étendues. L'enclume du cumulonimbus s'étale au sommet du nuage, juste en dessous de la stratosphère, si sèche qu'elle agit comme un bouclier, forçant le sommet du nuage à s'étaler horizontalement.

■ **5.** PHASE DE DISSIPATION. Le courant ascendant disparaît, alors que le courant descendant s'étend à l'ensemble du nuage tout en perdant de son intensité. L'activité électrique globale faiblit jusqu'à s'évanouir, en même temps que les précipitations.

*

Orage de nuit,
peu de mal, mais bien du bruit.

*

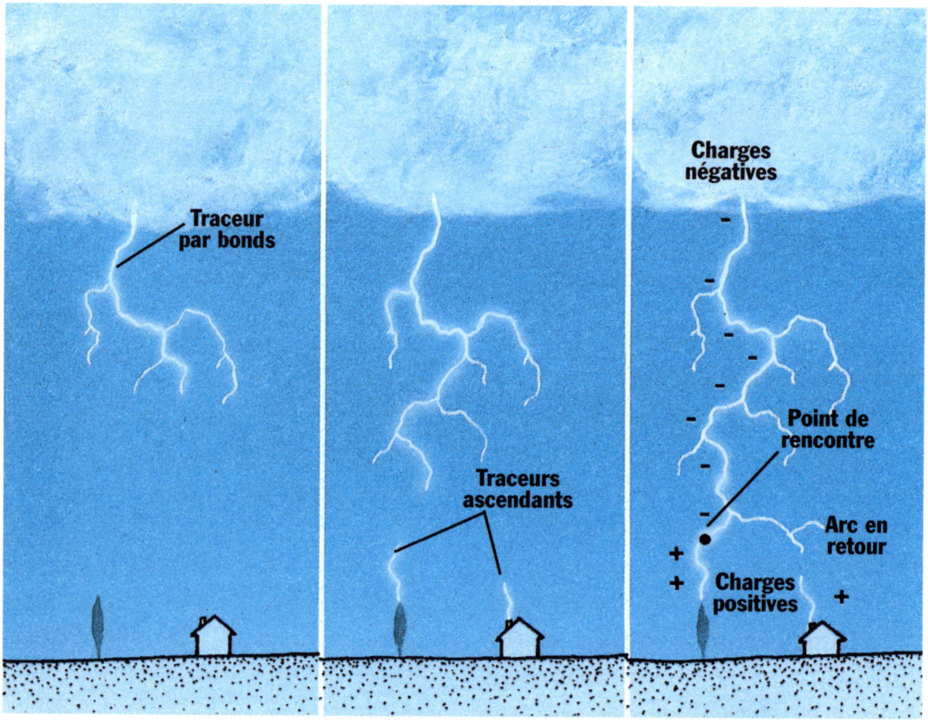

L'éclair ne se déclenche que lorsqu'un traceur, parti du sol, vient à sa rencontre.

La prévision des orages

Voir venir un orage, ou évaluer sa distance, constitue un exercice assez simple mais il permet de se protéger d'un phénomène qui peut se montrer très violent.

Qu'ils soient liés à un simple phénomène de convection qui a dégénéré et pris de l'ampleur, ou à une instabilité de l'air associé à un front, les orages présentent des formations nuageuses caractéristiques, qui donnent deux types de ciel : le ciel pré-orageux et le ciel orageux. Le premier correspond à la tête et à la marge de la perturbation, le second ressemble beaucoup au ciel de traîne classique d'une perturbation, à la différence qu'il se présente hors de tout ensemble nuageux organisé.

■ Risques d'orage

■ AVANT L'ORAGE, le ciel s'emplit de cirrus denses (qui sont souvent des résidus de vieilles enclumes de cumulonimbus dégradés), accompagnés d'un voile partiel de cirrostratus et de bancs d'altocumulus, avec parfois quelques cumulus. Ces nuages, qui se déplacent lentement, se trouvent à l'avant et en bordure du système orageux proprement dit. Le cas le plus courant est celui d'un ciel de beau temps qui, après la transformation des cumulus inoffensifs en cumulus congestus par une forte convection, devient lourd et chaotique. Ces masses nuageuses sont si épaisses que la lumière solaire ne les traverse pas complètement, d'où cette teinte gris sombre et cette ambiance de fin du monde qui précède l'arrivée d'un orage important.

■ LE BOURGEONNEMENT du sommet des cumulus congestus évolue vers le stade cumulonimbus. Après un parcours limité (moins de 200 km en général), ces nuages se désagrègent, laissant dans le ciel de simples voiles nuageux de type cirrus.

■ RISQUES D'ORAGE si :

- des cumulus commencent à se développer verticalement,
- le taux d'humidité augmente alors que la pression diminue,
- de grands nuages noirs ou gris s'assemblent par nappes,
- la nuit est chaude sans dépôt de rosée.

■ Évaluer la distance d'un orage

Rappelons qu'il ne faut pas avoir peur du tonnerre, car c'est l'éclair qui est dangereux. Et s'il doit vous frapper, il le fera avant même que vous ayez entendu le son associé, qui voyage beaucoup moins vite...

■ DANS L'AIR à température moyenne (20 °C), le son se propage à environ 330 m/s. Il lui faut donc 3 secondes pour parcourir 1 km.
En divisant par 3 le temps écoulé (en secondes) entre l'éclair et le coup de tonnerre correspondant, on obtient donc la distance (en kilomètres) séparant l'observateur du foyer orageux. Le rapport distance/temps peut être presque nul. Ainsi lorsque la foudre tombe à proximité de l'observateur, éclair et tonnerre sont quasiment simultanés.

■ PAR EXEMPLE, si 21 secondes s'écoulent entre la vision de l'éclair (instantanée puisque la lumière voyage un million de fois plus vite que le son) et le bruit du tonnerre, la distance est de 21/3 = 7 km. Pour 3 secondes d'écart entre éclair et tonnerre, cette distance est théoriquement de 3/3 = 1 km. Elle est en fait inférieure, car la distance au sol, à l'aplomb du nuage, est évidemment plus courte, et cela d'autant plus que l'orage est proche.
Pour un intervalle chronométré de 9 secondes, la distance trouvée (3 km) est à réduire de 10 %, mais pour 4 secondes la correction atteint 30 %. L'orage n'est pas à 1 300 m mais à 900 m seulement...

La physique de l'orage

■ L'électrisation

→ Structure électrique du nuage

■ LORSQUE LES CRISTAUX DE GLACE et les gouttelettes d'eau chargés d'électricité statique se rencontrent, il s'ensuit

→ LA FOUDRE EN BOULE

Il reste aux chercheurs à élucider le mystère de la foudre en boule, qui donne parfois lieu à des phénomènes étonnants. On l'a vue par exemple entrer dans une maison en passant sous la porte et ressortir par la cheminée, après avoir contourné sans les blesser des convives assis autour d'une table. On a vu également des personnes entièrement déshabillées, sans présenter la moindre trace de brûlure ! Le plus étonnant est que, dans ces cas rarissimes, la boule de feu semble « intelligente »... Les caractéristiques générales de la foudre globulaire sont pourtant connues : boule de feu au contour bien délimité, de couleur jaune, entourée d'un halo bleuâtre, d'une luminosité variable, pouvant être aveuglante (ce qui correspond à une température de 10 000 degrés. Son diamètre moyen avoisine 30 cm (entre 5 cm et 1 m), avec une vitesse de déplacement plutôt lente (5 km/h maximum). Le phénomène est silencieux, mais un crépitement a parfois été entendu. Sa durée de vie oscille entre 1 et 30 secondes (5 en moyenne), l'énergie dégagée ayant été estimée à 100 millions de joules. Le phénomène est cependant difficile à reproduire en laboratoire. Peut-être s'agit-il d'un plasma formé dans une cavité résonnante (magnétiquement confinée) contenant des micro-ondes ?

À NE PAS FAIRE PENDANT UN ORAGE!

- **Rester isolé au milieu d'un champ ou sur une place déserte, la foudre touchant de préférence l'objet le plus élevé, ou le plus conducteur de l'électricité.**
- **S'abriter sous un arbre, surtout s'il est grand. Éviter particulièrement les chênes et les peupliers.**
- **Se placer près de lignes électriques, pylônes, antennes ou poteaux téléphoniques.**
- **Rester près de clôtures, barbelés, grilles ou grillages.**
- **S'abriter sous un pont métallique.**
- **Stationner près de bateaux.**
- **Se protéger d'une pluie d'orage sous un parapluie à baleines métalliques; il vaut mieux attraper un bon rhume!**
- **Rester près de sources, cascades ou jets d'eau, car la pulvérisation ionise l'air et le rend meilleur conducteur de l'électricité.**
- **S'adosser à un mur ou à un pilier.**
- **S'abriter dans une grotte, surtout si la tête est proche du plafond (risque d'amorçage).**
- **Se baigner, que ce soit dans la mer, un lac, une rivière ou une piscine.**
- **Prendre un bain ou une douche.**
- **Se tenir dans un courant d'air à l'intérieur d'une maison.**
- **Téléphoner, car même si la foudre tombe à un kilomètre, elle provoque des surtensions induites qui peuvent être véhiculées par les lignes électriques ou téléphoniques. Une ligne à 220 volts peut connaître des pics de 20 000 volts, c'est ainsi que sont grillés, par exemple, de nombreux systèmes d'alarme.**

un échange de charges: les particules de petite taille emportent les charges positives vers le sommet du nuage, tandis que les plus grosses partent vers le bas (en dessous de 4 000 m), en formant une zone chargée négativement. La partie supérieure d'un cumulonimbus (faite de cristaux de glace) est le plus souvent chargée positivement, tandis que la partie inférieure (constituée de gouttelettes d'eau) est chargée négativement. Leur séparation forcée provoque une « électrisation » du nuage. Des coups de foudre, c'est-à-dire des transferts de charges électriques entre deux nuages, à l'intérieur d'un nuage ou entre le nuage et le sol, peuvent se produire.

■ UN NUAGE ORAGEUX est tripolaire, la zone négative au centre étant entourée d'une région positive au-dessus et d'une autre région positive (plus petite), au-dessous. La région supérieure positive est moins chargée que la couche négative, et s'élève sur plusieurs kilomètres, aussi haut que le nuage lui-même.
En revanche, la région inférieure positive est si petite que le champ élec-

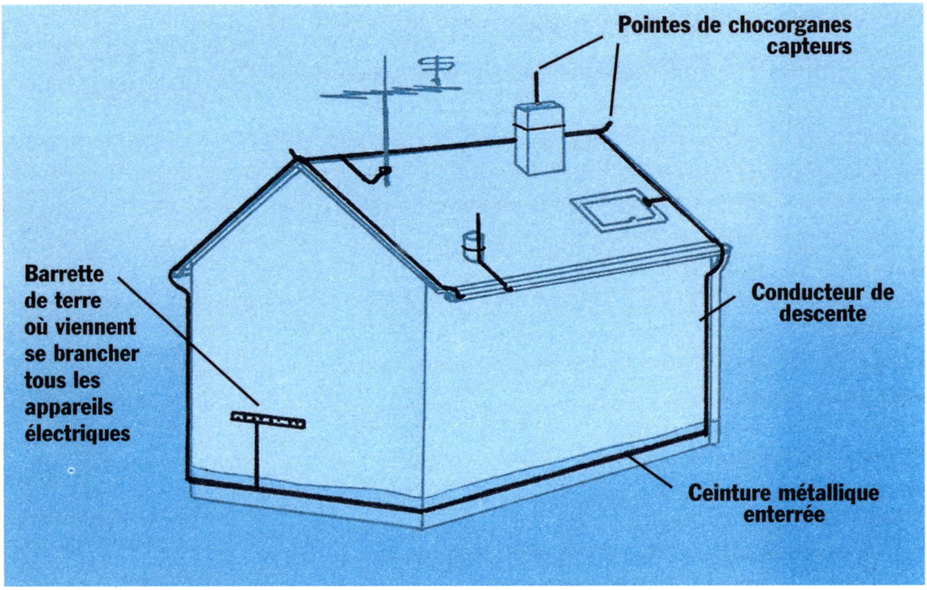

La cage de Faraday, un moyen de protéger sa maison contre l'orage. Il en existe d'autres, dont le plus connu est le paratonnerre.

trique au sol est souvent dominé par la charge négative principale.

La couche négative principale prend la forme d'une galette de moins d'un kilomètre d'épaisseur, située à environ 6 000 m d'altitude, dans une zone où la température avoisine les – 15 °C.

Dans cette région du nuage, les 3 phases de l'eau (glace, liquide, vapeur) coexistent.

→ Décharges

■ L'ÉCLAIR JAILLIT quand la charge locale excède la capacité d'isolation de l'air. Pour produire un éclair, le champ électrique doit en effet atteindre la valeur de claquage dans l'air, correspondant à la rupture d'isolant. Ces décharges électriques permettent de connecter à plusieurs kilomètres de distance des poches de charges contraires. La neutralisation de celles-ci constitue un éclair intranuage, dont le courant est en moyenne de quelques milliers d'ampères pendant quelques dixièmes de secondes.

De l'énergie électrostatique est alors transformée en énergie électromagnétique, sous forme de lumière (éclair) et d'ondes radio sur des fréquences comprises entre 1 kHz et 1 MHz (audibles sous forme de parasites).

Les impacts nuage-sol sont dans 96 %

des cas négatifs, mais les impacts positifs sont les plus destructeurs, avec une crête de courant pouvant atteindre 80 000 A, contre 30 000 A généralement. C'est lors des orages d'hiver que ces impacts positifs sont les plus nombreux. Leur forte intensité s'explique par le fait que les charges électriques ne sont pas neutralisées aussi fréquemment qu'elles le sont en été, période où les pluies sont plus importantes.

■ LORS D'UN ORAGE, le champ électrique au sol se trouve centuplé par rapport à sa valeur habituelle. De 50 à

→ LES RECORDS D'ORAGES

Le niveau d'activité orageuse d'une région s'évaluait autrefois en questionnant les gens du pays, pour savoir combien de jours dans l'année le tonnerre s'était fait entendre. On définissait alors un « niveau kéraunique ». Les plus bas niveaux se trouvent en Bretagne, avec 5 jours par an. Mais le niveau kéraunique dépasse 100 dans les régions équatoriales et atteint même 200 en Indonésie ou au Zaïre ! C'est à Bogor, dans l'île de Java, qu'il y a le plus d'orages : 322 jours par an.

CONSEILS EN CAS D'ORAGE !

- **En montagne, si vous êtes surpris par l'orage sur un sommet, descendez rapidement le plus bas possible, sans emprunter les arêtes rocheuses et évitez de stationner sous une corniche.**

- **En plaine, si vous ne pouvez vous abriter, asseyez-vous par terre en vous recroquevillant pour être le plus près possible du sol, mains sur la tête. Si vous restez debout, gardez les pieds joints pour éviter le foudroiement par « tension de pas », cause de la mort de bovins.**

- **Sur un bateau, attachez les haubans entre eux et reliez-les à une chaîne plongée dans l'eau.**
- **Si vous êtes à l'intérieur d'une voiture, restez-y ! Les pneus servent d'isolant et la carrosserie tient lieu de « cage de Faraday ». Vous êtes alors à l'abri.**

- **De même, les bâtiments en béton armé constituent des abris sûrs, le ferraillage formant lui aussi « cage de Faraday ».**

- **Dans les maisons, tenez-vous à l'écart des postes de radio et de télévision reliés à des antennes extérieures. Éloignez-vous de toutes les masses métalliques telles que baignoires et tuyauteries.**

- **Il est inutile de couper le compteur électrique de la maison, mais il vaut mieux débrancher les appareils électroniques (téléviseur, ordinateur, radio, fax) pour leur épargner les surtensions induites qui risqueraient de les détruire.**

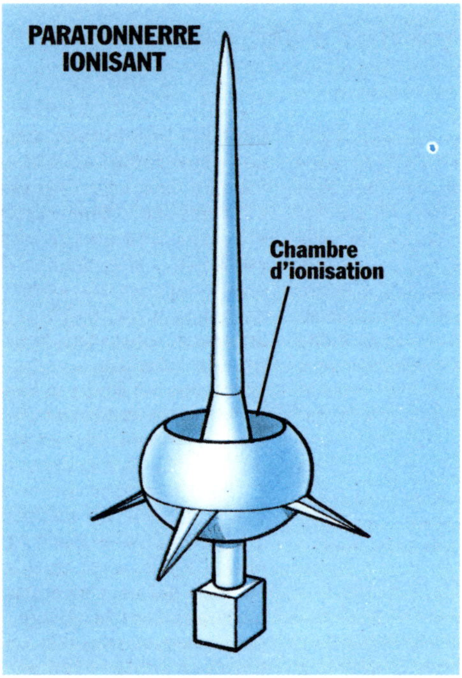

400 volts par mètre, il grimpe à 15 000 V/m sous les cumulonimbus, ce qui donne une différence de potentiel d'au moins 40 millions de volts entre le nuage et la terre. La puissance électrique atteint 6 millions de kilowatts entre le sommet et le pied d'un arbre, mais cette énergie est trop brève (de l'ordre du millionième de seconde) et trop aléatoire pour être exploitée. Au moment de la décharge, le champ électrique peut même atteindre un million de volts par mètre, l'intensité du courant dépassant alors 20 000 A, exceptionnellement dix fois plus.

→ Éclairs

■ LES PREMIÈRES DÉCHARGES se déclenchent au sein même du cumulonimbus : ce sont les fameux « éclairs de chaleur », que l'opacité du nuage empêche souvent de percevoir. Apparaissent ensuite des décharges nuage-sol, avec la création de canaux électrisés que les spécialistes appellent des « précurseurs » ou « traceurs ».
Un « précurseur ascendant » part d'un point au sol assez élevé (un arbre, une cheminée, ou un paratonnerre) pour rejoindre un « précurseur descendant » qui s'est détaché du nuage en progressant par bonds successifs, à raison d'une vingtaine de sauts par seconde, et se ramifie tout en progressant. Lorsqu'il n'est plus qu'à une centaine de mètres du sol, le traceur ascendant issu d'un objet élevé monte à sa rencontre.
Le point d'impact correspond à l'objet qui, le premier, se trouvera à distance d'amorçage du traceur descendant ; il ne se détermine qu'au tout dernier moment.
Contrairement à ce que l'on croit parfois, un paratonnerre n'attire donc pas la foudre, mais renforce localement le champ électrique, ce qui favorise la formation d'un « traceur ascendant ».

■ LE COURANT DE FOUDRE, en fait, ne cherche pas le trajet le plus court, mais celui qui offre le moindre résistance

POUR SE PROTÉGER DE LA FOUDRE

DES ARBRES PARATONNERRES

Pour se protéger d'un impact direct, on a le choix entre deux méthodes : attirer la foudre sur un point précis ou l'éloigner. Tout dépend du type d'équipement à protéger. Dans le premier cas, avant de songer au paratonnerre, il faut savoir qu'une protection naturelle existe, offerte par des arbres élevés.

Solution facile et peu coûteuse, sous réserve qu'ils ne soient pas trop proches de l'habitation, afin d'éviter une décharge latérale, aussi destructrice. Un bouquet d'arbres judicieusement réparti autour d'une maison, à une vingtaine de mètres du centre de l'habitation peut donc vous protéger.

LA CAGE DE FARADAY

Le Belge Melsens a proposé un moyen plus efficace, consistant à encercler une habitation par des lignes métalliques reliées à des grilles ou à des plaques métalliques enfoncées dans le sol, réalisant ainsi une cage de Faraday.

Le bâtiment est entouréd'une sorte de filet métallique à larges mailles (environ 10 m de côté), relié au sol par des prises de terre.

De petites tiges de 50 cm de long – les « pointes de choc » – sont disposées aux nœuds de ces mailles et sur les parties saillantes,comme les cheminées. Contrairement à un paratonnerre, la protection ne concerne que l'intérieur du volume, et non l'environnement immédiat.

LE PARATONNERRE DE FRANKLIN

Le bon vieux paratonnerre à tige, inventé en 1752 par Benjamin Franklin, est une tige métallique en cuivre ou en platine, placée au sommet du bâtiment à protéger, qui a pour rôle de faciliter la jonction avec un courant de foudre, puis de le conduire à la terre par un câble de descente. La protection sera d'autant plus efficace que le paratonnerre dépassera largement les points les plus élevés (cheminées, mâts, antennes) du bâtiment à protéger, et qu'il possédera une bonne prise de terre. Sinon, il est plus dangereux qu'utile...

LES PARATONNERRES AUJOURD'HUI

Le paratonnerre à tige n'a guère évolué entre l'invention de Benjamin Franklin et les années 1920 où un progrès a été enregistré avec l'invention par le Hongrois Szillard du paratonnerre à source radioactive. Il s'agit d'une pointe dont la tête est garnie de fines lamelles d'un élément radioactif, l'américium-241. Sous la pression des écologistes, ce type de paratonnerre a été abandonné. Les dispositifs ionisants (apparus en 1982), ou à impulsions (1985) créent des aigrettes de signe électrique contraire à celui du nuage orageux, ce qui entraîne une avance à l'amorçage de la décharge ascendante, par conséquent une plus grande efficacité de capture de la foudre. Ce système, totalement autonome, puise dans le champ électrique ambiant l'énergie dont il a besoin pour générer ses « aigrettes », qui sont émises sur une fréquence déterminée. Son activité s'exerce dès que le champ ambiant, à l'approche d'un orage, dépasse une valeur correspondant au risque de foudroiement. En théorie, pour une tige de Franklin, le rayon de protection est égal à la hauteur de la pointe multipliée par 1,7 (soit 12 m pour un faîtage à 7 m). En ville, une maison dotée d'un tel paratonnerre ne protège donc que les habitations contiguës. Dans le cas d'un clocher d'église, c'est un pâté de maisons qui peut être protégé, mais pas tout le village. Les paratonnerres ionisants sont, à hauteur égale, plus performants. Les modèles « passifs » protègent dans un rayon égal au double de leur hauteur, les « actifs » portent ce rayon à dix, voire vingt fois leur hauteur. Les meilleurs modèles protègent une zone de 100 m de rayon pour seulement 8 m de hauteur. Ce sont des paratonnerres de ce type qui sont installés au sommet des grandes tours (La Défense et Montparnasse, à Paris), ou qui protègent les plates-formes de lancement des fusées comme celle d'Ariane à Kourou.

Les paratonnerres ne sont obligatoires, en France, Depuis 1967, que sur quatre types de bâtiments : les maisons de retraite, les restaurants d'altitude, les installations industrielles classées, les immeubles de plus de 50 m de hauteur.

électrique. Lorsque le contact est établi, se déclenche un arc en retour. Le résultat de ce court-circuit aérien est un éclair éblouissant. De nombreuses décharges, semblables à la première, vont emprunter ce canal pendant encore un centième de seconde avant de s'évanouir définitivement, mais avec une telle rapidité que l'œil semble n'avoir vu qu'un seul éclair, de forme brisée. Cette forme en zigzag des éclairs s'explique par les variations de conductivité électrique du milieu traversé et correspondent à un tronc commun, qui se subdivise en plusieurs branches. C'est donc la distribution des charges électriques – et non l'intensité du champ – qui détermine la trajectoire d'un éclair.

■ L'ENSEMBLE DU PHÉNOMÈNE ne dure que quelques centièmes de secondes, l'arc en retour étant encore plus bref : quelques dizaines de microsecondes !

Lors du coup de foudre, l'air chauffé localement à plusieurs milliers de degrés (parfois à 30 000 °C) émet une intense lumière blanche : c'est l'éclair.

Sa forte compression (multipliée par 100), suivie d'une dilatation brutale, produit une onde de choc sonore : c'est le tonnerre.

Celui-ci, formé de sons de basse fréquence, est rarement entendu à plus de 20 ou 25 km, ce qui donne plus d'une minute entre la vision de l'éclair et la perception du son correspondant.

*

Éclairs sur la mer,
vent sur la terre.

Lune à cache-cache
derrière les nuages,
c'est de la pluie
ou des orages.

*

5

Les météores

Halos, « faux-soleils », arcs-en-ciel…, les jeux de lumière du ciel sont des phénomènes aussi rares que magnifiques à observer. La présence de gouttelettes d'eau ou de cristaux de glace dans le ciel entraîne dans certaines circonstances d'étonnants phénomènes lumineux : ce sont des photométéores. À partir de milliards de gouttelettes ou de cristaux microscopiques, la Nature tisse ainsi dans le ciel des figures colorées. Les photométéores ne correspondent pas, en eux-mêmes, à des perturbations météorologiques, mais leur apparition et leur évolution ont leur importance pour la prévision du temps. Ils forment en tout cas, pratiquement toujours, d'admirables spectacles célestes auxquels on ne prête peut-être pas suffisamment attention.

Halos et couronnes

Certains nuages de type cirrus ou des brouillards glacés créent dans le ciel des arcs lumineux, avec une grande variété de motifs : en cercles, en arcs, ou en points.

→ Halo

Fréquent, le halo est souvent entouré de deux faux soleils ou parhélies (en grec : « à côté du soleil »). Ce halo peut être accompagné d'un second, moins lumineux mais plus large, d'environ 46 degrés de rayon. Ces halos brumeux qui entourent le soleil ou la lune sont dus à la réflexion et à la réfraction de la lumière à travers des cristaux de glace en suspension dans des cirrostratus qui agissent comme des prismes. Habituellement blancs, ils sont parfois colorés, les teintes bleues étant alors à l'extérieur du cercle et les rouges à l'intérieur. Les lois de la réfraction imposent un rayon fixe de 22 degrés pour le petit halo : cette valeur correspond à la déviation des rayons lumineux réfractés par un cristal dont les faces font un angle de 60 degrés. Un halo annonce l'arrivée du mauvais temps.

*

Lune et soleil cerclés
annoncent pluie et mauvais temps.

*

La colonne lumineuse qui se dresse parfois au-dessus du soleil, à son lever ou à son coucher, de même que les halos et couronnes (de gauche à droite) sont des effets liés à la diffusion, à la réflexion ou à la réfraction de la lumière à travers des nuages formés de cristaux de glace.

À LA CHASSE AU RAYON VERT

Par temps clair, en haute montagne ou au bord de la mer lorsque la ligne d'horizon est parfaitement nette, on peut tenter de voir au coucher du soleil ce fameux rayon vert dont Jules Verne fit un roman.
Il s'agit d'un point nettement vert qui jaillit, pendant une seconde environ, au moment où le dernier morceau du disque solaire, limité à un point, va disparaître sous l'horizon. L'astre n'étant plus alors qu'une grosse étoile, sans surface apparente, le pinceau lumineux se trouve décomposé par un effet de prisme en un spectre présentant toutes les couleurs de l'arc-en-ciel : rouge en bas, bleu en haut. Le bleu disparaît donc en dernier, mais cette couleur est fortement absorbée à l'horizon. L'ultime couleur qui parvient à notre œil est donc le vert.
Il faut un ciel particulièrement transparent pour observer ce phénomène peu fréquent. Il faut en tout cas l'avoir vu au moins une fois dans sa vie.

→ Couronne

La couronne est une auréole diffuse, formée autour du soleil et de la lune par le passage de la lumière à travers un brouillard léger de gouttelettes très fines (de 1 à 2/1 000 millimètres). Ces cercles ont entre 2 et 10 degrés de rayon, soit 4 à 20 fois le diamètre apparent de l'astre.

→ Irisations du ciel

Quand ils atteignent une taille de l'ordre du millimètre (de 0,5 à 3 millimètres), les cristaux de glace ont tendance à tourner sur eux-mêmes en tombant, leur axe demeurant vertical. Ils se comportent comme des feuilles en chute libre, oscillant autour de leur position moyenne. L'image réfléchie est alors brouillée verticalement. Comme ils sont dirigés selon des directions privilégiées, ils engendrent d'autres phénomènes : parhélie, anthélie, paranthélie, cercle parhélique, arc circumzénithal, arc tangent…

→ Parhélie et anthélie

- Les parhélies (faux soleils) sont des images du soleil, situées à 22 degrés de part et d'autre de l'astre.
- Les anthélies, sous forme de taches blanchâtres, apparaissent dans la direction opposée au soleil.

- Quand la couverture nuageuse est uniforme, on peut observer un anneau lumineux parallèle à l'horizon qui fait le tour du ciel : c'est le cercle parhélique, qui passe par l'anthélie et les paranthélies, d'aspect semblable.

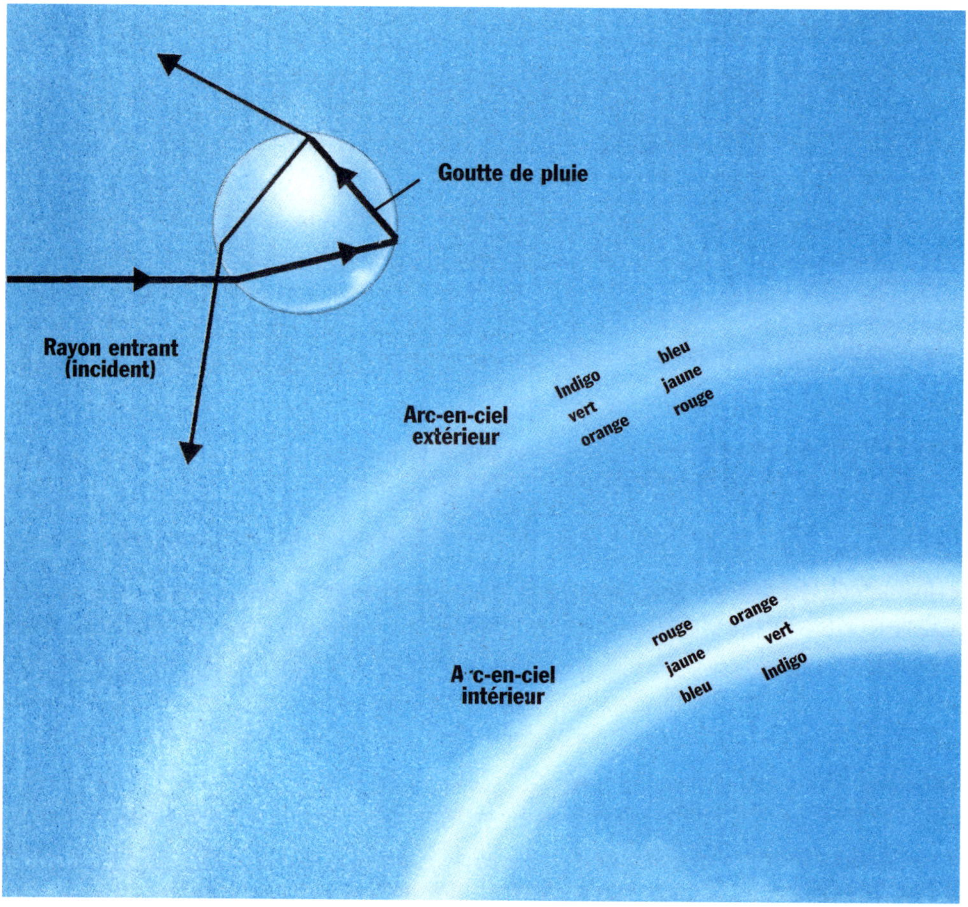

Les couleurs de l'arc-en-ciel résultent d'un simple effet de prisme : les différentes couleurs composant la lumière blanche du soleil s'y trouvent diffractées à travers les gouttes d'un rideau de pluie.

■ L'ARC DIURNE ZÉNITHAL a la forme d'un arc inversé faisant face au soleil.

*

→ *Soleil montrant son enfant,*
pluie ou vent.

*

→ Colonne solaire

Autre photométéore remarquable : la colonne solaire, qui est une sorte de pilier lumineux, vertical, de 5 à 15 degrés de hauteur, dressé au-dessus du soleil levant ou couchant.
Elle est créée par la réflexion de la lumière à la base de plaquettes de glace.
Ces colonnes n'ont pas de couleurs propres, mais prennent la teinte du soleil à ce moment-là, les colonnes solaires apparaissent donc souvent d'un rouge orangé.
Si la colonne, le cercle parhélique et le petit halo apparaissent en même temps, leurs intersections forment des croix dans le ciel.

■ Arc-en-ciel

Pendant des averses d'orages, le soleil peut briller en même temps qu'il pleut, en formant l'un des plus beaux phénomènes naturels : l'arc-en-ciel.

*

Arc-en-ciel du soir,
fait beau temps prévoir.

*

■ LE BOURGEONNEMENT du sommet des cumulus congestus évolue vers le stade cumulonimbus. Après un parcours limité (moins de 200 km en général), ces nuages se désagrègent, laissant dans le ciel de simples voiles nuageux de type cirrus.

→ Spectre de l'arc-en-ciel

Ce cercle virtuel, dont l'observateur serait le centre, ne peut jamais être atteint car il se déplace en même temps que l'observateur, l'angle observation se modifiant au fur et à mesure. L'explication du phénomène tient au fait que le rayon lumineux est légèrement dévié quand il entre dans une goutte de pluie (réfraction), avant d'être refléchi vers l'observateur par la paroi arrière, courbe, de la goutte. Les longueurs d'onde successives sont deviées sous des angles différents ; les couleurs se trouvent bien séparées, du rouge à l'extérieur jusqu'au violet à l'intérieur.
Lorsque la lumière est réfléchie deux fois par les gouttes d'eau, on peut aper-

cevoir un second arc, extérieur au premier, avec des couleurs moins éclatantes et inversées. Les deux arcs, qui ont 42 et 52 degrés de rayon, sont séparés par une bande sombre, la « bande d'Alexandre », du nom du philosophe grec qui la signala vers 200 avant notre ère, Alexandre Aphrodisias.

Centrés sur la direction opposée au soleil, ces arcs ne peuvent jamais former un cercle complet, au maximum un demi-cercle quand le soleil est à l'horizon : c'est pourquoi les arcs-en-ciel qui se forment au lever ou au coucher du soleil sont les plus beaux.

L'arc intérieur est plus lumineux car il est moins large (2,2 degrés au lieu de 3,6), la lumière y étant plus concentrée.

→ Le cercle de Brocken : un arc-en-ciel complet

Le cercle de Brocken – du nom du sommet le plus élevé du Harz (Allemagne) d'où on peut l'observer assez fréquemment – est une sorte d'arc-en-ciel. Mais au lieu de se limiter à un arc de 180 degrés maximum, il fait un tour complet, soit 360 degrés. Pour que ce phénomène remarquable se produise, il faut que l'observateur soit placé entre le soleil et une couche de brouillard située en dessous de lui.

Ce phénomène n'est donc visible qu'en haute montagne, ou depuis un avion, et l'observateur ne perçoit cette auréole irisée qu'autour de sa propre ombre.

*

Arc-en-ciel du matin,
pluie sans fin

*

6

Les signes du temps

Les changements de temps n'arrivent pas sans s'annoncer. Ils s'accompagnent de changements dans le ciel, dans le paysage, dans le comportement des animaux et même dans l'aspect des objets. Le temps selon les signes de la nature et les anciens dictons...
Chacun peut observer facilement ces signes et en déduire des prévisions à court terme, à condition de savoir à quoi ils correspondent. On peut aussi se fier, dans une certaine mesure, aux dictons qui les résument.
De génération en génération, ceux qui travaillent au contact permanent de la nature ont accumulé ces remarques, qui sont autant de petites astuces pour prévoir le temps. C'est le cas notamment des agriculteurs et des marins pêcheurs, habitués par la force des choses à lever le nez vers le ciel.

Les signes de la nature

On peut s'exercer à prévoir le temps à partir de signes-présages qui se manifestent dans la nature, souvent sous forme de petits faits anodins. Nous en avons rassemblé quelques-uns qui permettent des prévisions, certes fragmentaires, mais sûres à 80 %. Vous n'aurez aucun mal, si vous êtes un amoureux de la nature et un observateur attentif, à en remarquer d'autres. Il ne s'agit là que d'indications sommaires, mais elles permettent de se faire une bonne idée du temps pour la journée en cours et celle du lendemain.

■ Les signes de mauvais temps

*

Escargot aventureux,
le temps sera pluvieux.

*

→ Signes de pluie

Le temps est à la pluie si :

- le vent « descend », c'est-à-dire tourne dans le sens inverse des aiguilles d'une montre, passant par exemple du nord-ouest au sud-ouest
- le brouillard s'élève en laissant des nuages derrière lui
- de petits nuages blancs se colorent en mauve au soleil couchant
- les nuages se teintent en rouge au coucher du soleil
- la rosée est abondante et se dissipe très vite au lever du soleil
- la lune s'entoure d'un anneau

*

Lune aux cercles pâlots
fait sortir les escargots.

*

- le soleil est « blanc » à son coucher
- la fleur du pissenlit ou du liseron se referme
- l'air est plus transparent que d'habitude
- le trèfle s'ouvre
- les feuilles du haricot ou de la luzerne se redressent
- la marguerite déploie ses pétales par temps couvert
- les pommes de pin se resserrent
- les grenouilles coassent

*

S'il doit venir mauvais temps,
grenouille fouille au fond de l'étang.

*

- les hirondelles volent bas

*

Si l'hirondelle vole bas,
viendra la pluie à grand fracas.

*

- le chat passe sa patte derrière l'oreille

- la vase, au bord des rivières, et les fosses septiques sentent fort
- le foin sent fort dans les granges
- les salières se bouchent
- le pain devient mou
- les cheveux frisent
- les carrelages lavés sèchent lentement
- le parquet craque, les tiroirs se bloquent
- les portes ferment mal
- le son des cloches est plaintif
- les feux s'allument difficilement
- les lames d'acier se teintent en bleu

*

Si les poules se roulent
dans la poussière,
l'ondée est proche, estivale
ou printanière.

*

→ Signes de neige

De la neige à prévoir si les pies, pinsons et rouges-gorges s'approchent des maisons.

→ Signes de froid

Du froid est à venir si :
- la flamme est claire et vive
- les sons lointains s'entendent bien

→ Signes de vent

Le vent va se lever si :
- les nuages se teintent en jaune au coucher du soleil
- les chiens se roulent sur le dos
- la braise brûle bien

→ Signes d'orage

Il y a risque d'orage si :
- une chape de silence semble tomber sur la nature
- les moucherons deviennent nombreux
- les chiens et les chats deviennent nerveux
- les chevaux grattent le sol

→ Signes de persistance du mauvais temps

Le mauvais temps durera si :
- la pluie tombe par temps calme, sans un souffle de vent
- une pluie fine (de la bruine) tombe après des averses

■ Les signes de beau temps

*

Moucherons au coucher du soleil,
pour demain un temps vermeil.

Chauve-souris très tard
le soir, pour plusieurs jours
de beau temps l'espoir.

Coccinelle vole haut,
il fera beau.

*

→ Signes d'amélioration

Le temps va s'améliorer si :
- le vent remonte dans le sens des aiguilles d'une montre, passant exemple du sud à l'ouest
- le vent est faible, soufflant du nord-ouest
- les nuages rasent la terre et semblent « rouler », après une forte pluie
- des nuages apparus au lever du soleil se dissipent rapidement
- les étoiles scintillent vivement
- les traînées de condensation des avions se résorbent rapidement
- du brouillard apparaît en fin de nuit et se dissipe en milieu de matinée

→ Signes de persistance du beau temps

Le temps restera beau si :
- du brouillard se forme juste avant l'aube
- de petits cumulus apparaissent en fin de matinée
- les oiseaux (notamment les hirondelles) volent haut
- les araignées tissent leur toile
- les coccinelles sont nombreuses

→ LES DOUZE MOIS DE L'ANNÉE

Voici, sous toute réserve, ces dictons concernant les prévisions pour les douze mois de l'année.

Janvier : Pluie aux rois, blé jusqu'au toit.
Février : À la Chandeleur, la chandelle pleure.
Mars : Au jour de sainte Colette, commence à chanter l'alouette.
Avril : En avril, ne te découvre pas d'un fil.
Mai : En mai, fais ce qu'il te plaît.
Juin : Juin froid et pluvieux, tout l'an sera grincheux.
Juillet : Juillet sans orage, femme au village.
Août : Soleil rouge en août, c'est de la pluie partout.
Septembre : Octobre en bruine, hiver en ruine.
Octobre : À la Saint-Michel, automne en fleur, hiver de rigueur.
Novembre : En novembre s'il tonne, l'année sera bonne.
Décembre : En décembre, fais du bois et endors-toi.

Les dictons

*

Sil pleut à la Saint-Médard,
il pleuvra quarante jours plus tard.

*

C'est sans doute là le plus connu des dictons météorologiques, mais il en existe beaucoup d'autres. Pour être mieux retenues, les constatations météorologiques relevées par des générations d'observateurs ont été exprimées sous forme de dictons, souvent en vers rimés. Leur expression change un peu selon les provinces et les patois, mais dans ces dictons, se trouve condensée l'expérience météorologique de plusieurs générations. La méthode est efficace car cette prévision, bien qu'empirique, correspond fréquemment à une réalité physique des choses et repose sur des fondements scientifiques sous-jacents.

■ Prévisions à court terme

Nous présentons ces dictons de la façon qui fait la part du beau et du mauvais temps, même s'il s'agit de notions subjectives. On peut considérer que pluie et vent sont des éléments du mauvais temps et qu'un ciel dégagé de tout nuage correspond à du beau temps...

→ Dictons du beau temps

*

Lune brillante et blanche,
pour plusieurs jours le beau temps.

*

La lune, si elle est bien visible, avec des bords très nets se découpant sur le ciel, traduit une grande transparence de l'atmosphère, donc un temps sec associé à un anticyclone de beau temps.

*

Arc-en-ciel du soir,
fait beau temps prévoir.

*

Pour voir un arc-en-ciel, il faut obligatoirement avoir le soleil dans le dos. Ce qui signifie que le soir (le soleil étant situé à l'ouest), on regarde dans la direction opposée, c'est-à-dire vers l'est. Or, les courants perturbés viennent rarement de l'est.
Il s'agit donc d'une pluie associée à une perturbation qui s'en va.

*

Pluie du matin n'arrête
pas le pèlerin.

ou

Pluie du matin passe son chemin.

*

Avec l'augmentation de la température des courants ascendants vont se former : en cours de journée ils suffiront à maintenir les nuages sans entraîner de précipitations.

*

Rosée du matin,
tout va bien.

*

La rosée se dépose lorsque l'air est saturé d'humidité.
Mais s'il l'est dès le matin, ce n'est pas grave, car l'augmentation de la température avec la montée du soleil dans le ciel va permettre d'absorber ce trop-

plein sous la forme de petits cumulus. Il fera donc beau.

*

Hirondelle volant haut,
le temps reste au beau.

*

Les hirondelles se nourrissent de moucherons, très sensibles à la pression atmosphérique. Quand celle-ci est élevée (signe de beau temps), ils doivent voler plus haut afin de trouver une pression plus faible, qui leur permet un déplacement plus aisé dans un air moins dense. Les hirondelles, pour les chasser, doivent donc voler plus haut.

*

Beau temps en vue s'il y a
dans le ciel assez de bleu
pour tailler une culotte de gendarme.

*

Quand sur un fond de nuages pluvieux (nimbostratus) apparaissent des déchirures, c'est que la dislocation est en vue. Le fait d'apercevoir çà et là quelques coins de ciel bleu est donc le signe du début de la « traîne » qui suit la perturbation, caractérisée par un ciel encore chargé de nuages, mais sec et ensoleillé.

*

Si le soleil se fait un beau lit le soir,
le lendemain beau temps se fait voir.

*

Si, après la pluie, des éclaircies apparaissent le soir, c'est que le front est passé.

→ Dictons du mauvais temps

*

Lune cerclée,
pluie assurée.

*

Les cercles (halos) qui entourent la lune sont dus à la réfraction de sa lumière par des cristaux de glace de nuages très fins. Or, ces nuages élevés se situent à l'avant d'un front, qui traduit lui-même l'approche d'une dépression.

*

Arc-en-ciel du matin,
abreuve le moulin.

ou

Arc-en-ciel du matin,
du laboureur finit la journée.

*

Quand un arc-en-ciel est vu le matin, c'est que le rideau de pluie se trouve en direction de l'ouest, par où arrivent les perturbations pluvieuses. Compte tenu du fait que ces passages pluvieux durent au moins 24 heures, il est certain que la journée qui commence (peut-être les suivantes) sera placée sous le signe de la pluie.

*

Rosée du soir,
il va pleuvoir.

*

Un air déjà saturé d'humidité alors que la température continue à baisser va provoquer des précipitations, l'air froid ne pouvant pas contenir autant de vapeur d'eau que l'air chaud. Il ne s'agira pas de fortes pluies mais de bruine.

*

Vieilles douleurs,
pluie de malheur.

*

Une forte augmentation du degré hygrométrique de l'air précède toujours l'arrivée de la pluie. Or l'augmentation de cette humidité, de même qu'elle fait gonfler le bois (bloquant les tiroirs et les portes) agit sur nos articulations, produisant des douleurs articulaires plus prononcées.

*

Le vent la nuit,
la pluie avant midi.

*

→ PETITE HISTOIRE DES DICTONS

Ces dictons du temps qu'il fera sont parfois très anciens. C'est ainsi que les poètes latins Hésiode, Virgile et Pline, voilà une vingtaine de siècles, se sont essayés à prevoir le temps. Virgile, entre 50 et 20 avant notre ère, écrivait déjà : « Si tu es attentif au cours régulier de la lune, jamais tu ne seras trompé sur le temps du lendemain. Si au quatrième jour, la lune se lève pure et claire, jusqu'à la fin de la lunaison, les jours seront sans pluie et sans vent... ». Un siècle plus tard, entre 50 et 70, Pline remarquait : « La lune rouge, présage du vent. »

Par la suite, ces prévisions ont été regroupées dans des recueils, puis publiées dans des almanachs. L'un des plus célèbres, paru à Londres en 1744, s'intitule les « Règles du berger de Banbury ».

Habituellement, le vent s'apaise à la tombée de la nuit car les différences de température entre deux masses d'air proches tendent à s'estomper, et donc l'appel d'air qu'elles créent. Si ce n'est pas le cas, c'est qu'une forte dépression approche.

*

Ciel pommelé, vent va souffler.

ou

Ciel pommelé et femme fardée
sont de courte durée.

*

LA COULEUR DU CIEL

Si la couleur du ciel traduit d'une certaine façon le temps en cours ou à venir, c'est parce que les molécules d'air diffusent les radiations solaires en favorisant –ou au contraire en bloquant– certaines d'entre elles. En temps normal, ce sont surtout les faibles longueurs d'onde qui sont privilégiées –le bleu et le violet–, ce qui explique que le ciel est bleu. Au contraire, si l'air renferme une forte proportion de vapeur d'eau ou de poussières, ce sont alors les rayonnements de plus grande longueur qui sont favorisés, donnant des tons jaunes, orangés ou rouges. C'est le cas au lever et au coucher du soleil, lorsque les rayons de l'astre ont à franchir une plus grande épaisseur d'atmosphère. À l'horizon, le trajet de la lumière solaire dans l'atmosphère est 30 fois plus long qu'au zénith ! Le ciel est finalement une grande palette aux tons changeants, du fait de la présence de cette atmosphère. Si celle-ci n'existait pas, le ciel serait noir, même en plein jour.

La couleur du ciel est un critère pour la prévision du temps. On fera lesremarques suivantes…

- Un ciel bleu délavé assure du beau temps. Il correspond à de l'air polaire continental issu de l'anticyclone de Sibérie.
- Un ciel bleu intense, presque violacé, indique un faible degré d'humidité, donc une masse d'air éloignée de toute perturbation pluvieuse.
- Un ciel vert émeraude est l'indice que l'on se trouve dans une masse d'air polaire maritime, dans la traîne d'un système nuuageux qui va donner un temps agité.
- Un ciel jaune traduit une atmosphère humide, ce qui ne laisse rien présager de bon.
- Un ciel rouge orangé est plutôt bon signe, mais pas systématiquement. Le ciel se pare de teintes éclatantes quand, au lever et au coucher du soleil, l'atmosphère est sèche ou embrumée de fines poussières, traits caractéristiques de l'air qui accompagne un anticyclone. Mais des nuages éclairés par le soleil levant ont au contraire toutes les chances d'être des signes avant-coureurs de l'approche d'un front. En revanche, un ciel rouge le soir laisse plus d'espoir.
- Un ciel brumeux, gris-brun, voire rougeâtre, résulte de l'accroissement du nombre et de la taille des particules en suspension, qui disperse les grandes longueurs d'onde. Il traduit la présence d'une couche d'inversion. Le temps est beau car on se trouve sous la cloche protectrice d'un anticyclone, mais l'air st pollué car l'absence de vent ne permet pas le renouvellement de l'air.

*

Rouge vêpre et blanc matin
sont la joie et le souhait du pèlerin.

*

*

Si par ciel très noir,
il ne pleut pas le soir, soyez bien certain
que c'est pour le lendemain.

*

Le ciel pommelé correspond à des nuages du type cirrocumulus qui, venant après les « plumes » des cirrus, précèdent les nuages bas d'un front perturbé, pluvieux et venteux.

*

Si plus qu'à l'ordinaire les étoiles grossissent, c'est de l'eau que bientôt les nuages vous pissent.

*

Le soir, arrive une fine couche nuageuse quasi transparente, pas toujours perceptible, engendrant une auréole autour des étoiles qui paraissent grossir.
Une arrivée d'air maritime froid augmente la turbulence, signe de dégradation prochaine.

*

Araignée tissant,
mauvais temps.

*

L'araignée renforce sa toile : il va venter.

■ Prévisions à long terme

Parmi tous ces dictons populaires, quelques-uns prétendent prévoir le temps pour une échéance plus lointaine, avec deux saisons d'avance parfois.
Nous leur accorderons le bénéfice du doute.

→ Prévisions à 1 ou 2 mois

*

À la Saint-Vincent (22 janvier),
l'hiver se reprend ou perd sa dent.

À la Chandeleur (2 février),
l'hiver passe ou prend rigueur.

À partir de la Saint-Blaise (3 février),
l'hiver redouble ou s'apaise.

À la Saint-Mathias (24 février),
c'est souvent la fin des glaces.

*

Ces dictons concernent le temps de transition entre l'hiver et le printemps.

*

Ne crois pas de l'hiver
avoir atteint la fin,
que la lune d'avril n'ait atteint
son plein.

*

Allusion à la lune rousse, pendant laquelle les nuits claires entraînent une déperdition de chaleur par rayonnement, rendant une dernière gelée possible.

*

Soleil le matin de la Chandeleur,
quarante jours l'ours à la tanière.

*

Lorsqu'il y avait encore des ours dans nos montagnes, on avait remarqué que, s'il faisait beau début février, l'ours ne quittait pas sa tanière et y restait encore un mois et demi, car l'hiver se poursuivait. Si un froid vif ou de la pluie sévissait, c'était l'indice de l'arrivée de la belle saison.

➔ Prévisions de 3 à 6 mois

*

Mars haleux (beaucoup de vent),
fait bon marier la fille du laboureur.

*

Les vents, en mars, annoncent le dégel ; la terre sera donc d'un bon rapport et la fille du paysan sera bien dotée.

Signalons qu'il existe, pour les prévisions à longue échéance, une méthode empirique selon laquelle chaque journée, du 26 décembre au 6 janvier, représenterait un condensé du temps qu'il fera durant chacun des mois de l'année, successivement : du 26 au 28 décembre on aurait l'aspect général de l'hiver, du 29 au 31 décembre celui du printemps, du 1er au 3 janvier celui de l'été, du 4 au 6 janvier celui de l'automne. À vérifier, si le cœur vous en dit…

Quant au célèbre dicton,

*

Noël au balcon, Pâques aux tisons.

*

René Chaboud, de Météo-France, a cherché à le vérifier. En relevant sur près d'un siècle les bulletins météo du temps observé à Noël puis à Pâques de l'année suivante, il a pu constater que cette affirmation était loin d'être vérifiée.

Si l'on retranche les années non significatives (temps identique), elle est vraie 16 fois et fausse 13 fois. Ces trois cas en excès, soit 10 %, sont donc peu probants...

7

Les bulletins météo

Pour ceux qui ne se satisfont pas des approximations des méthodes traditionnelles de prévision du temps, il reste la possibilité de recourir aux bulletins météorologiques largement diffusés par les médias et autres moyens de communication. Un sondage de Météo-France réalisé en 1987 a montré que 53 % des demandes de prévisions météorologiques de la part du public correspondaient à l'organisation de leurs week-ends ou de leurs vacances. Viennent ensuite la simple curiosité (36 %) et pour 11 % un impératif professionnel. Le premier mode de consultation d'informations météo est la télévision, suivie de la radio. Les journaux, quant à eux, publient des cartes détaillées. La météo est un produit de grande consommation et ce phénomène va s'accentuer. Il suffit de voir le succès des appels reçus par les répondeurs départementaux de Météo-France, l'assiduité avec laquelle le public suit les prévisions de la télévision (il n'est qu'à voir le nombre d'écrans publicitaires qui encadrent cette rubrique) et le succès des chaînes météo thématiques sur le câble et le satellite.

Les services téléphoniques et télématiques

Disponibles à toute heure du jour et de la nuit, les prévisions par téléphone ou par Minitel présentent toute une gamme de renseignements dans le but de répondre aux demandes les plus précises, que ce soit dans la géographie ou dans la thématique.

■ Les prévisions par téléphone

Plusieurs types de répondeurs sont susceptibles de fournir une information locale ou thématique.

→ Le répondeur de Météo-France

Il suffit de composer le 08 36 68 02, plus les deux chiffres correspondant au numéro minéralogique du département : par exemple le 08 36 68 02 28 pour l'Eure-et-Loir, le 08 36 68 02 40 pour les Landes... Les messages, lus par un prévisionniste, sont simples et clairs, sans aucun terme technique et donc compréhensibles, même par ceux qui n'ont aucune notion de météorologie. Le message présente la situation du jour puis celle des jours à venir (15 secondes par jour), jusqu'à 5 jours.

→ Les répondeurs privés

D'autres répondeurs (ou d'autres services Minitel) dépendent d'organismes privés qui n'ont pas signé d'accord avec Météo-France. Ces organismes utilisent néanmoins, en partie, les informations de la Météo nationale, mais sans en citer l'origine. Leur originalité consiste seulement dans le fait qu'ils les mettent en valeur pour telle ou telle catégorie d'utilisateurs.

■ Les prévisions sur Minitel

La météo est l'un des tout premiers services à avoir été mis en place sur le Minitel.
L'avantage pour l'utilisateur est qu'il accède de façon autonome et permanente à des informations qui sont très fréquemment réactualisées.
C'est au début des années 1980 que Météo-France (qui s'appelait alors « Direction de la météorologie nationale ») a compris l'intérêt de ce nouveau moyen de diffusion pour l'information météo, et mis en œuvre la première version du 36 15 Météo. Des innovations intéressantes ont suivi : météo agricole (Irritel), météo aéronautique, météo des neiges, etc.
La consultation Minitel offre une vaste gamme de rubriques.
Outre les prévisions générales et locales, sont offertes des rubriques plus spécia-

lisées : sports, loisirs, écologie, santé, vie locale, ou travail.
On peut également obtenir des informations à caractère climatologique, sur les records du temps ou sur les orages, ainsi que la carte des impacts de foudre (3617 Météorage). Il en coûte 0,12 F puis 1,29 F la minute (et de 0,37 à 2,23 F la minute selon les rubriques spécialisées).
Un ordinateur personnel doté d'un modem intégré est aussi une possibilité d'accéder à ces informations météo sur Minitel, avec l'avantage de pouvoir les conserver dans des bases de données spécialement créées.

■ Les prévisions sur Internet

Les passionnés de météo pourront trouver plus de 12 000 sites sur Internet, mais il faut dire qu'on y rencontre le pire et le meilleur. Cela va des prévisions locales aux informations internationales.
Il existe aussi des informations thématiques : neige, plage, avions… La majeure partie des services proposés sur Internet est gratuite, même si l'on trouve de plus en plus d'abonnements spécifiques pour accéder à des services plus spécialisés. Météo France (www.meteo.fr) est depuis 1995 sur le réseau et offre une prévision – quoique simplifiée – du temps pour le lendemain. Infonie et AOL proposent gratuitement cette information, alors que Météoconsult (www.meteoconsult), service privé, est accessible sur abonnement.
Intellicast (www.intellicast.com), d'origine américaine, est gratuit, et diffuse des informations météo renouvelées toutes les six heures. Ce serveur propose aux Européens un accès aux bases de données climatologiques anglaises et allemandes, avec la possibilité d'établir un modèle d'analyse personnalisé selon son centre d'intérêt : orages, humidité, températures, etc. Le principe est identique avec le serveur The Weather Channel (www.weather. com), également gratuit, qui couvre toute l'Europe depuis avril 1997.

Les médias

■ La météo des quotidiens

→ Le contenu des prévisions

En France, la plupart des prévisions météorologiques diffusées par la presse écrite sont issues des données fournies par Météo-France. Les quotidiens publient des cartes et des textes de prévisions, chacun adoptant une mise en page personnalisée.
Les cartes professionnelles classiques montrent la position des centres actifs

(anticyclones, dépressions) et des fronts. D'autres cartes, plus simples, portent des symboles permettant d'estimer en un coup d'œil l'emplacement des pluies, des orages et de la couverture nuageuse sur l'ensemble de l'hexagone, voire l'Europe entière pour certains quotidiens.

→ Comment lire les cartes météo des quotidiens

La lecture des cartes météo des quotidiens n'est pas très difficile. Avec un peu d'habitude, on peut y trouver de précieuses indications sur le temps qu'il fera.

■ IL FAUT COMMENCER par repérer les positions respectives des centres d'action. Si tous les points de l'atmosphère étaient à la même pression, l'air serait en équilibre et il n'y aurait pas de masses d'air différenciées. Ce n'est évidemment jamais le cas, si bien qu'en joignant sur une carte toutes les lignes d'égale pression (les « isobares »), on obtient une série de courbes, qui par endroits se referment sur elles-mêmes (comparables aux courbes de niveaux des cartes topographiques), espacées de 5 en 5 hectopascals : celles qui ont, au centre, les valeurs de pression les plus élevées sont les anticyclones. Celles qui sont centrées sur les plus basses valeurs sont les dépressions.

■ LE POSITIONNEMENT DE L'ANTICYCLONE des Açores et de la dépression d'Islande donne une première indication de la direction du vent, qui souffle selon un angle de 30 degrés par rapport aux isobares, rentrant dans la dépression (dans le sens contraire des aiguilles d'une montre) et sortant de l'anticyclone (en sens inverse).
Pour connaître la vitesse du vent, il faut évaluer le gradient de pression. Plus les isobares sont resserrées, plus le vent soufflera fort. Des isobares espacées de moins de 100 km sont l'indice d'une tempête. Parfois, la force du vent est portée directement sur les cartes, sous forme de barbules : 1 barbule courte = 5 nœuds (environ 10 km/h), une longue = 10, un triangle = 50, selon le principe des chiffres romains. Par exemple, un vent symbolisé par les trois barbules équivaut à 50 + 10 + 5 = 65 nœuds, soit 120 km/h : il s'agit d'une très forte tempête, à la limite du cyclone.

■ DES TRAITS ÉPAIS marquent les limites des masses d'air, c'est-à-dire les frontières entre l'air froid et l'air chaud. Pour un front chaud, ce trait est rouge, bordé de demi-cercles orientés dans le sens du déplacement. Pour un front froid, le trait, bleu, porte de petits triangles. Quand la limite entre l'air chaud et l'air froid est rejetée en altitude (occlusion), le trait est violet avec des ronds et des triangles alternés.

■ DE LA POSITION DE L'OBSERVATEUR au sein d'un système dépressionnaire éventuel, on déduira la couverture nuageuse et le type de précipitations à prévoir. Les fronts se forment à l'emplacement des grands systèmes nuageux.
Si l'un d'eux est présent sur la région considérée – ou s'il passe à proximité – la probabilité de pluie est forte. Ces pluies se manifestent sur une bonne centaine de kilomètres de part et d'autre du front.
D'une façon générale, le front froid d'une perturbation est plus redoutable que son front chaud. Une occlusion se caractérise par un temps capricieux, mais de courte durée.

→ Décharges

■ L'ÉCLAIR JAILLIT quand la charge locale excède la capacité d'isolation de l'air. Pour produire un éclair, le champ électrique doit en effet atteindre la valeur de claquage dans l'air, correspondant à la rupture d'isolant. Ces décharges électriques permettent de connecter à plusieurs kilomètres de distance des poches de charges contraires. La neutralisation de celles-ci constitue un éclair intranuage, dont le courant est en moyenne de quelques milliers d'ampères pendant quelques dixièmes de secondes.
De l'énergie électrostatique est alors transformée en énergie électromagnétique, sous forme de lumière (éclair) et d'ondes radio sur des fréquences comprises entre 1 kHz et 1 MHz (audibles sous forme de parasites).
Les impacts nuage-sol sont dans 96 % des cas négatifs, mais les impacts positifs sont les plus destructeurs, avec une crête de courant pouvant atteindre 80 000 A, contre 30 000 A généralement.
C'est lors des orages d'hiver que ces impacts positifs sont les plus nombreux. Leur forte intensité s'explique par le fait que les charges électriques ne sont pas neutralisées aussi fréquemment qu'elles le sont en été, période où les pluies sont plus importantes.

■ LORS D'UN ORAGE, le champ électrique au sol se trouve centuplé par rapport à sa valeur habituelle. De 50 à 400 volts par mètre, il grimpe à 15 000 V/m sous les cumulonimbus, ce qui donne une différence de potentiel d'au moins 40 millions de volts entre le nuage et la terre.
La puissance électrique atteint 6 millions de kilowatts entre le sommet et le pied d'un arbre, mais cette énergie est trop brève (de l'ordre du millionième de seconde) et trop aléatoire pour être exploitée. Au moment de la décharge, le champ électrique peut même atteindre un million de volts par mètre, l'intensité du courant dépassant alors 20 000 A, exceptionnellement dix fois plus.

ZONES MARITIMES DES BULLETINS MÉTÉO POUR LE LARGE

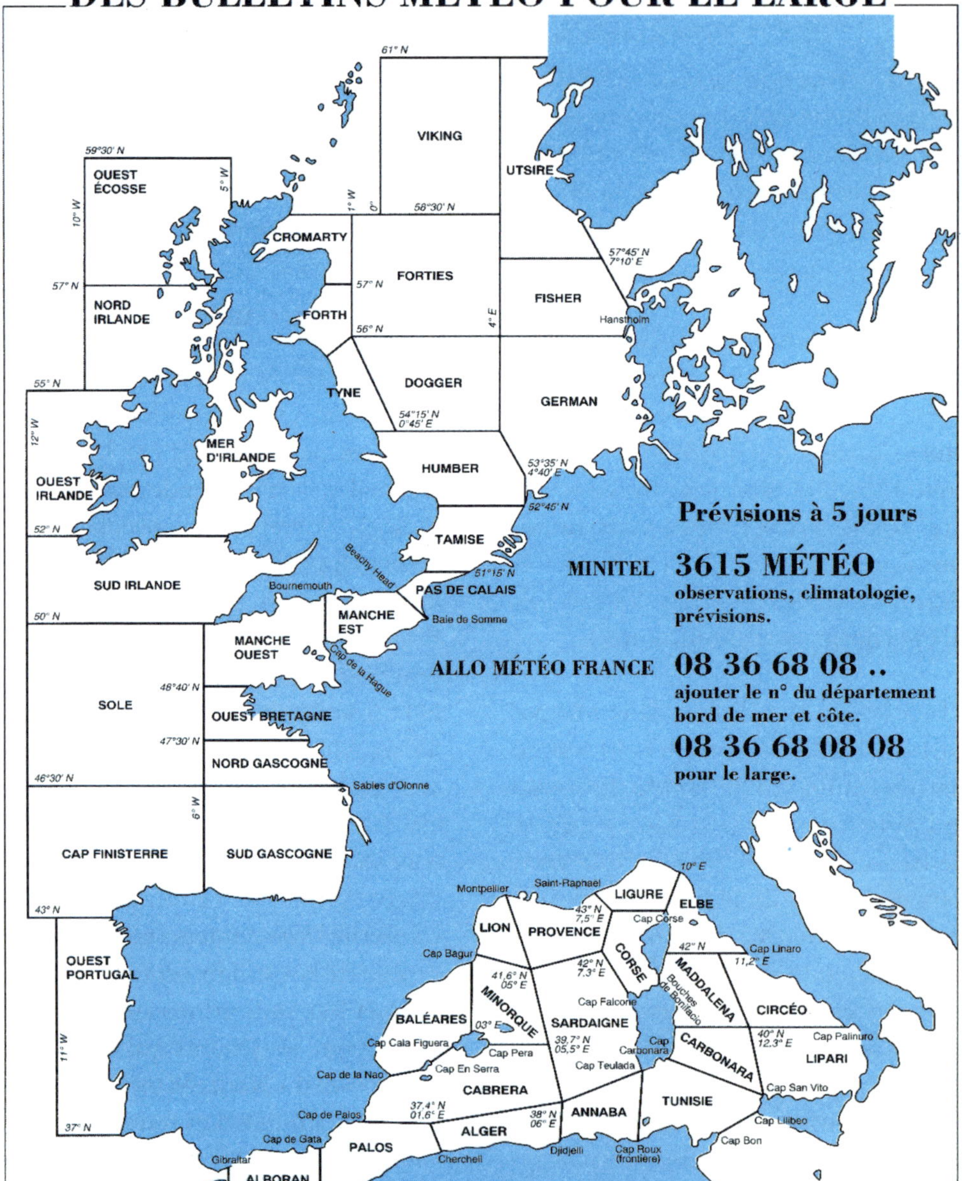

■ La météo à la radio

Depuis le premier bulletin météo public, diffusé de la tour Eiffel, en 1922, à l'attention des agriculteurs, la radio constitue un média de référence pour l'information météorologique.

→ La météo générale

■ LES PRÉVISIONS MÉTÉO à la radio, ce sont d'abord quelques voix familières, bien que les grandes figures que furent Albert Simon sur Europe 1 ou Jean Breton sur RTL ne soient plus en activité. Radio-France est la seule radio, avec René Chaboud, Jacques Kessler et Jérôme Collado, à utiliser les services de météorologistes professionnels.

■ FRANCE-INTER diffuse deux fois par jour un bulletin complet de météo marine couvrant l'ensemble des zones de l'Atlantique et de la Méditerranée. Ce bulletin n'est intéressant que pour ceux qui ont déjà de bonnes connaissances en météo. La position des centres d'action et des fronts, leur sens et leur vitesse de déplacement notamment, sont bien définis.

■ LES AUTRES BULLETINS, qui durent généralement une minute, comportent les renseignements suivants :

- avis de coups de vents éventuels ;
- aperçu de la situation d'ensemble (caractéristiques du champ de pression, position des centres d'action, trajet des perturbations, position et vitesse de déplacement des fronts) ;
- tendance générale du temps ;
- prévisions par zones ;
- relevés d'observations effectuées dans différentes stations côtières.

→ La météo marine

■ LES BULLETINS DE MÉTÉO marine sont diffusés en grandes ondes sur France-Inter, en petites ondes par les stations régionales, et sur la bande Marine par les stations côtières de radiotéléphonie.
Les émetteurs sont situés à Boulogne, au Conquet, à Saint-Nazaire, à Bordeaux, à Marseille et à Grasse. Ils diffusent un bulletin pour les zones du large et les zones côtières de leur région. Pour les recevoir, il faut disposer d'un poste captant la bande Marine.

■ LE BULLETIN EST DONNÉ à vitesse de dictée, puis relu, ce qui permet de le transcrire. Son contenu est simple, à la portée de tous. Son écoute peut aussi donner des indications sur le temps à terre, pour les régions qui bordent les côtes : mer du Nord, Manche, Méditerranée, Atlantique. Les zones concernées sont « Dover », « Wight » et « Portland » pour la mer du Nord et la Manche, en allant du Pas-de-Calais vers le Cotentin. Il faut s'intéresser aux prévisions

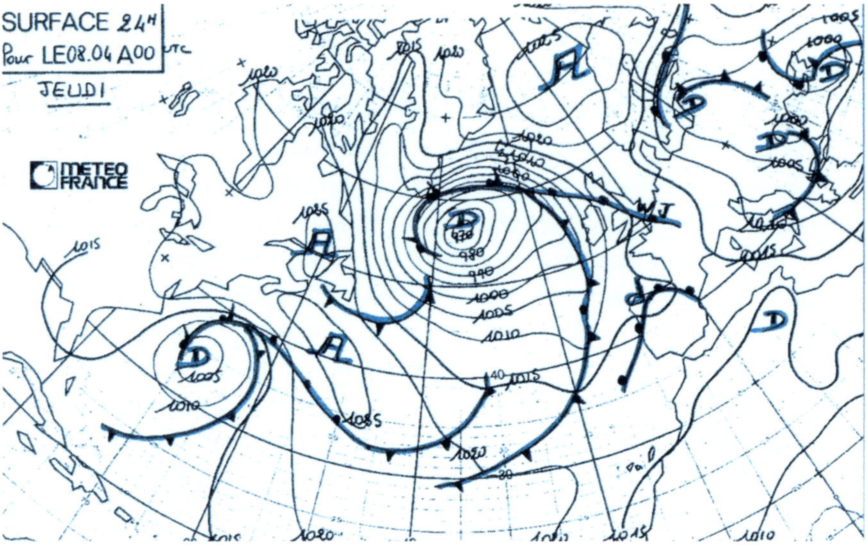

Document Météo France ©

Exemple de carte météo professionnelle

La dépression s'éloigne. Les lignes isobares relient tous les points du sol où se trouve la même pression qui s'exprime en hectopascals (hPa) : 1 010, 1 005, 1 000 hPa… Les « A » donnent la position des anticyclones, où la pression est la plus forte ; les « D » indiquent la position du centre des pressions faibles.

concernant « Plymouth » pour la Bretagne, et « Biscaye » pour la façade atlantique jusqu'au golfe de Gascogne. En Méditerranée, en dehors de « Ouest-Corse » et « Est-Corse », la côte varoise à l'est de Toulon est concernée par les prévisions du « golfe de Gênes », la zone de la Camargue par « Provence » et le Languedoc-Roussillon par « golfe du Lion ».

■ La météo à la télévision

Pour le public, la prévision météorologique se matérialise surtout par les photos-satellite que l'on découvre après le journal.

→ La présentation des bulletins

■ LES BULLETINS MÉTÉO TÉLÉVISÉS – qui ont fêté leur 50e anniversaire en décembre 1996 – étaient présentés à l'origine par des ingénieurs météorologistes, mais la formule a depuis beaucoup évolué.

Des conventions ont été signées entre Météo-France et les différentes chaînes de télévision ; ce sont désormais des journalistes qui présentent ces informations provenant de la Météorologie nationale, en y apportant leur interprétation et leur touche personnelle. La traduction de l'information météorologique à la télévision tend parfois à devenir une sorte de spectacle. Il est vrai qu'il est difficile de présenter une prévision à la fois complète, précise et personnalisée en peu de temps. Celle-ci a donc un caractère global : le « quart nord-est » de la France ou le « sud de la Loire » sont trop vastes pour que l'on décrive en deux minutes la multiplicité des phénomènes météorologiques qui s'y produisent.

Depuis 1991, la ville d'Issy-les-Moulineaux, près de Paris, organise chaque année, en février, un Festival international de la météo. On y décerne une demi-douzaine de prix, dont celui du meilleur présentateur de bulletin météo.

■ AUX ÉTATS-UNIS ET AU JAPON, les prévisions sont présentées sous forme statistique, indiquant, par exemple, 75 % de risque de pluie, ou 50 % de chances d'éclaircie. Cette formulation n'est pas retenue en Europe. Pour l'instant, seule une chaine tchèque (CZ-TV), en Europe, indique l'indice de pollution de l'air.

Pour l'Europe, c'est en Allemagne que les bulletins météo télévisés sont les plus brefs (en moyenne 1,20 min), et en Grande Bretagne qu'ils sont les plus longs (3 min).

Dans le reste du monde, deux cas font figure d'exception : en Afrique du Sud et en Chine, les télespectateurs bénéficient de bulletins météo qui atteignent 4 minutes !

→ Le contenu des bulletins

Le schéma est toujours à peu près le même : évocation du temps qu'il vient de faire, présentation de l'image satellite, puis de la carte du temps du lendemain avec ses différents symboles, suivie d'une seconde carte présentant les températures.

→ LES MOYENS TECHNIQUES AU SERVICE DE LA MÉTÉOROLOGIE

Lorsque démarre le premier service météorologique français, 32 pays se réunissent à Vienne pour créer l'Organisation météorologique internationale, qui deviendra en 1947 l'Organisation météorologique mondiale, institution spécialisée de l'ONU. Entre-temps, de nouveaux moyens ont été mis à la disposition des météorologistes. Pour pallier l'absence de stations sur les océans, d'où viennent pourtant la plupart des perturbations qui nous affectent, la France lance le Carimaré, premier navire météo, qui n'est pas autre chose qu'une station météo flottante. En fait, depuis 1926, un certain nombre de navires marchands au long cours transmettaient des données météorologiques pendant leur traversée. Aujourd'hui, on compte une dizaine de bâtiments météo sur l'Atlantique Nord, appartenant à trois pays différents (France, Royaume-Uni, Pays-Bas) se relayant sur trois zones fixes : entre l'Islande et le Groenland, au large de l'Irlande et au large du Portugal.

Outre le radar (qui permet de localiser des nuages d'orages à 200 km) et l'ordinateur (qui facilite la prévision du temps), les météorologistes disposent aussi de satellites. Le premier, Tiros 1, fut mis en orbite par les États-Unis en avril 1960. Depuis mai 1974, ils sont placés en orbite géostationnaire, à 36 000 km d'altitude, d'où ils surveillent près de la moitié de la planète, en permettant de suivre l'évolution des systèmes nuageux, notamment des cyclones.

→ MÉTÉO-FRANCE

Créée en 1880, avec, pour mission première, la sécurité des biens et des personnes, la Météo nationale, devenue Météo-France en 1994, répond aux exigences du service public tout en développant des prévisions adaptées aux différentes activités économiques.

LES SERVICES

La direction de Météo-France est située à Boulogne-Billancourt. Le service central d'exploitation (à Toulouse depuis 1988) est chargé des transmissions et du traitement de l'information, de la prévision, de la climatologie et de la documentation. Huit Services météorologiques inter-régionaux (SMIR) couvrent l'ensemble du territoire (Le Bourget, Strasbourg, Lyon, Aix-en-Provence, Bordeaux, Rennes, Lille) et les Antilles-Guyane (Martinique). Un Centre départemental de la météo (CDM) est placé sous l'autorité du chef du SMIR implanté dans le département. Il y a un service météo régional à La Réunion, à Mayotte, à Saint-Pierre-et-Miquelon, dans lesTerres australes et antarctiques. En Polynésie française et en Nouvelle-Calédonie, l'activité météo est exercée par des services spécialisés qui relèvent de l'aviation civile.

LE PERSONNEL

Météo-France emploie 2 800 personnes: techniciens d'exploitation, affectés dans les différentes stations pour effectuer jour et nuit des relevés météo ; techniciens en instrumentation, chargés d'installer et de maintenir en état les stations ; ingénieurs de travaux qui élaborent les bulletins de prévision à partir de l'analyse des cartes météo.
Le réseau climatologique fait également appel à des observateurs bénévoles (3 500 postes environ) pour des observations pluviométriques parfois thermométriques. Des réseaux automatiques secondaires complètent le réseau de base pour répondre aux besoins spécifiques de certains utilisateurs (agriculture, hydrologie, environnement, etc.).
Quelque 13 000 messages en provenance du monde entier sont traités chaque jour par les ordinateurs de Météo-France.

LES STATIONS

Le réseau français est composé de 175 stations de mesure – situées généralement près des aéroports – et d'un millier de stations automatiques. L'observation au sol étant cependant insuffisante pour connaître l'état complet de l'atmosphère, il existe 13 radars (pour l'observation des précipitations) et 7 stations de radiosondage (à Ajaccio, Bordeaux, Brest, Lyon, Nancy, Nîmes, Trappes) qui effectuent deux lâchers de ballons-sondes, à midi et à minuit, heure solaire. Le réseau Météorage, créé à l'origine par une société privée, comprend 19 capteurs capables de localiser par radiogoniométrie tous les impacts de foudre sur le territoire national.

LES CENTRES SPÉCIALISÉS

Météo-France dispose aussi de centres spécialisés : à Trappes (Yvelines) se trouve le Service des équipements et techniques instrumentales (qui assure la mise au point et la gestion des matériels d'observation), à Toulouse l'École nationale de la météorologie, à Lannion (Côtes-d'Armor) le Centre de météorologie spatiale (qui reçoit les images-satellite depuis 1983), à Grenoble le Centre d'étude de la neige (chargé de la prévision du risque d'avalanche), à Brest le Centre de météorologie maritime (qui coopère avec l'Ifremer pour l'étude des relations océan-atmosphère et la mise en œuvre des bouées météo), à Brétigny (Essonne) le Centre d'aviation météorologique (responsable d'avions « instrumentés » pour la recherche), à Magny-les Hameaux (Yvelines) le Centre national de recherches en physique de l'atmosphère (mécanismes du climat, nouveaux systèmes d'observation), à La Ferté-Vidame (Eure-et-Loir) un radar spécial pour la mesure du vent en altitude.

■ PRESQUE TOUTES LES CHAÎNES (à l'exception de RTL-Belgique et ITV-GB placent une « photo-satellite » au début de leur bulletin. Cette image est généralement animée, afin de visualiser l'évolution des systèmes nuageux sur les dernières 24 heures. Ces images ont été préalablement traitées pour être mieux perçues par le profane. Sur les photos-satellite, les perturbations apparaissent comme un long triangle effilé bordé de nuages, la pointe nord s'enroulant autour du centre de la dépression. Plus d'une chaîne sur deux place en surimpression les zones de hautes et basses pression pour faciliter la compréhension, et quelques-unes y incluent les fronts.

■ QUANT AUX SYMBOLES UTILISÉS, ils sont assez semblables d'une chaîne à l'autre : des étoiles pour la neige, des tiretés pour la pluie, le vent étant indiqué par une flèche (rares sont les bulletins qui indiquent sa force). Canal + ajoute directement des mots, comme « pluie », « soleil », « brouillard ». Les températures sont mentionnées en clair et par zones colorées selon le symbole classique (rouge-orangé pour le chaud, bleu-vert pour le froid). Les valeurs extrêmes sont souvent soulignées. Notons que TF1 et France 2 (comme CNN), présentent aussi une carte des impacts de foudre.Généralement, ces bulletins se limitent au temps du lendemain ; parfois le journaliste ajoute un bref commentaire personnel sur le temps du surlendemain.
Le vendredi soir, presque tous extrapolent au temps du week-end, soit 48 heures, avec une présentation des tendances de la semaine pour ce qui concerne la couverture nuageuse et les températures.

8

Une station personnelle

Savoir regarder le ciel s'apprend avec le temps. Inconsciemment on finit par remarquer les variations de température, les nuances de luminosité du ciel, les moindres sautes du vent. Ces impressions peuvent être affinées à l'aide de quelques instruments simples qui donneront des éléments suffisants pour établir ses propres prévisions. Pour les passionnés de météo, il peut être tentant d'aller plus loin que la simple consultation des bulletins météo et de mettre au point sa propre station. Agriculteurs, responsables d'activités de loisirs ou chefs de chantier, nombreux sont ceux qui peuvent être intéressés par ces nouvelles possibilités que la météo personnelle apporte.

Les instruments

Le thermomètre que l'on accroche à l'extérieur de la fenêtre de la salle de bains, le baromètre suspendu dans un coin du salon, ou le pluviomètre planté dans le jardin, la girouette ou la manche à air forment déjà la base d'une station météo…

Les instruments météorologiques les plus courants sont au nombre d'une demi-douzaine. Certains sont utiles pour la prévision, les autres ne servent qu'à établir des statistiques climatiques. Tous sont d'un accès facile et d'un maniement simple, ce qui les met à la portée de chacun.

■ Instruments de prévision

L'observation simultanée de la pression atmosphérique grâce au baromètre, de la direction du vent grâce à la girouette, et du taux d'humidité grâce à l'hygromètre, permet de se situer avec précision dans un système perturbé, donc de prévoir la suite des événements.

→ Le baromètre

C'est l'instrument le plus utile au météorologiste. Il sert à mesurer la pression atmosphérique et permet par conséquent d'en suivre les variations.

■ AU NIVEAU DU SOL, la pression atmosphérique moyenne est équilibrée par une colonne de mercure de 760 mm, soit 1 013,3 mb. La pression exprimée en millimètres de mercure est égale aux trois quarts de sa valeur en millibars. Les baromètres à mercure vendus dans le commerce sont le plus souvent conçus comme des éléments décoratifs, avec pièces de cuivre et bois travaillé.

CORRECTIONS À APPORTER AUX INDICATIONS DU BAROMÈTRE

Un baromètre ne doit pas être utilisé tel quel. La pression atmosphérique diminue en effet avec l'altitude et les valeurs qu'il indique sont donc différentes suivant l'altitude à laquelle il est situé. Un baromètre non corrigé, s'il est placé à plus de 300 mètres d'altitude, ne peut indiquer le beau fixe. C'est pourquoi un baromètre peut également servir d'altimètre. Pour le ramener à la valeur standard, il faut augmenter la valeur indiquée de la baisse de pression correspondant à l'altitude du lieu. Pour cela, il faut agir sur la vis de réglage située à l'arrière (modèle anéroïde) ou déplacer vers le bas l'échelle de lecture (modèle à mercure). Le baromètre doit être étalonné en majorant la valeur indiquée d'1 mm pour 12 ou 13 mètres d'altitude.

CORRECTIONS À APPORTER AUX INDICATIONS DE LA GIROUETTE

Ce qu'il faut considérer, en réalité, ce n'est pas la direction du vent au sol, mais plutôt sa direction en altitude. Car la force déviante (force de Coriolis), due à la rotation terrestre, est affaiblie jusque vers 2000 m d'altitude par le frottement de l'air contre le sol. Pour connaître le vent en altitude, la direction indiquée par la girouette doit ainsi être décalée d'un quart de tour dans le sens inverse des aiguilles d'une montre. Un vent d'ouest deviendra donc un vent de sud-ouest. s

■ LES BAROMÈTRES D'APPARTEMENT, les plus courants, sont des modèles « anéroïdes », dont le cœur est une capsule métallique (dite « capsule de Vidie ») quasiment vide d'air. Un ressort évite son écrasement sous l'effet de la pression atmosphérique, mais ses légères déformations, amplifiées par un système de leviers, traduisent les variations de pression, indiquées par une aiguille se déplaçant devant un cadran gradué. Ce type de baromètre n'est pas toujours très fidèle, mais présente l'avantage d'être dix fois moins coûteux qu'un baromètre à mercure.

■ POUR PRÉVOIR LE TEMPS avec un baromètre, il ne faut surtout pas prendre au premier degré ses indications. Mais, lorsque le baromètre tombe en dessous de 730 mm, il est à peu près certain qu'une tempête approche ; au-dessus de 780 mm, il est quasi certain qu'une amélioration durable s'amorce. Le plus important à considérer, pour la prévision, c'est avant tout la tendance (montée/descente) et le rythme de variation. Le baromètre baisse franchement dans la tête et le corps d'une perturbation. Dans le secteur chaud, il baisse encore, mais plus lentement, jusqu'au passage du front froid. Dans la traîne, la pression monte alors que le front froid s'éloigne. Une hausse de 15 mm après la pluie annonce un beau temps persistant. Une baisse de 10 à 15 mm est l'indice d'un changement de temps rapide, qui se produira dans le cours de la journée. Une chute supérieure à 1 mm/h signale un coup de vent et pour 3 mm/h (exceptionnellement 5 mm/h) une tempête est à prévoir à brève échéance.

→ LA MANCHE À AIR

À défaut de girouette, une manche à air (modèle réduit de celles que l'on voit sur les terrains d'aviation) ou un simple galon fixé au sommet d'une perche peuvent rendre le même service. Cependant, la manche à air fonctionne en tout ou rien. Si elle est tendue, elle indique seulement un vent supérieur à 30 km/h.

→ La girouette

■ C'est généralement une flèche plane, fixée sur un socle mobile verticalement, des repères fixes indiquant la direction des quatre points cardinaux. On découpe la rose des vents en 4, 8, ou 16 secteurs.

■ Pour prévoir le temps avec une girouette, il faut d'abord se rappeler que le vent change de direction au passage d'un front. Ce changement de direction sera donc l'indice d'un changement du temps. Le vent est de secteur sud-sud-ouest avant le passage d'un front chaud, se décale ensuite à ouest-sud-ouest dans le secteur chaud. Malgré quelques nuages de type stratocumulus et cumulus, le soleil va percer dans quelques éclaircies. Le vent passe enfin à ouest-nord-ouest dans la traîne, caractérisée par un temps variable, où des éclaircies peuvent alterner avec des averses intenses mais relativement brèves. Au total, le vent a tourné ainsi de plus d'un quart de tour dans le sens des aiguilles d'une montre et, lorsque ce mouvement a été complètement effectué, on a la certitude que la perturbation est passée. Deux situations peuvent alors se présenter : ou bien le vent « redescend » au sud-ouest, annonçant l'enchaînement avec une nouvelle perturbation qui suit de près la première, ou il se stabilise au secteur nord-est, traduisant la présence d'un anticyclone qui va offrir plusieurs jours de beau temps consécutifs.

→ LE PSYCHROMÈTRE, UN AUTRE MOYEN DE MESURER L'HUMIDITÉ DE L'AIR

Les professionnels mesurent l'humidité relative de l'air en utilisant un psychromètre, qui n'est en fait qu'un ensemble de deux thermomètres : l'un est placé à l'air libre, l'autre est entouré d'une mousseline que l'on trempe dans de l'eau froide juste avant la mesure. Ce second thermomètre est alors ventilé, en le faisant tournoyer au bout d'une ficelle, ce qui a pour effet de provoquer l'évaporation de l'eau. Il s'ensuit une diminution de la température, d'autant plus grande que l'air ambiant est sec. Si les deux thermomètres indiquent la même valeur, c'est évidemment que l'air est saturé et contient 100 % d'humidité.

→ L'hygromètre

■ Également indispensable pour la prévision du temps, il sert à mesurer le degré d'humidité de l'air. Les météorologistes distinguent l'humidité absolue (masse d'eau contenue dans un certain volume d'air) et l'humidité relative. Cette dernière correspond au rapport entre l'humidité absolue et la quantité totale de vapeur d'eau qui peut être contenue dans l'air, à la température du moment. Les hygromètres ne mesurent que l'humidité relative, exprimée en pourcentage.

■ CEUX QUI SONT VENDUS dans le commerce ne sont pas très onéreux (à peu près le prix d'un baromètre anéroïde), mais on peut – pour s'amuser – en fabriquer un soi-même à partir d'un cheveu. Les cheveux humains ont en effet la propriété de s'allonger lorsque l'humidité augmente, et de rétrécir lorsqu'elle diminue. La variation est d'1 mm pour 4 cm de long. C'est pourquoi certaines chevelures frisent lorsque le temps est à la pluie. On trouve encore, quelquefois, des hygromètres colorés au chlorure de cobalt. Ce produit change de couleur selon l'humidité de l'air : il est bleu quand l'air est sec, rose par temps humide. Il ne s'agit donc pas d'une mesure mais d'une indication, qui prévient de l'arrivée d'une masse d'air humide annonçant de la pluie ou, au contraire, du retour d'une masse d'air sec préfigurant du beau temps.

■ Les instruments de relevés météorologiques

La prévision statistique consiste – après avoir accumulé le plus grand nombre possible de relevés quotidiens) – à rechercher une configuration identique dans le passé.
Les relevés sur de nombreuses années font en effet apparaître des constantes. Un type de temps et de circulation atmosphérique, lié à une saison précise, peut réapparaître, toutefois on ne retrouve jamais deux situations exactement identiques.

→ Le thermomètre

C'est sans doute l'instrument météorologique le plus utilisé. Qui, d'ailleurs, n'en possède pas au moins un ? Dans son principe, il mesure la dilatation d'un liquide (parfois d'un solide) à fort coefficient de dilatation, cette dilatation étant proportionnelle à la température. Les thermomètres sont de plusieurs types.

■ LES THERMOMÈTRES À ALCOOL. De l'alcool coloré (rouge ou bleu) est contenu dans un petit réservoir et monte dans un fin cylindre de verre, devant une échelle graduée. Ce sont les thermomètres les plus courants, mais leur précision est généralement limitée à 1 °C.

■ LES THERMOMÈTRES À MERCURE. Ils fonctionnent comme les thermomètres à alcool, mais sont plus fidèles, plus précis (1/10 de degré) et plus coûteux.
n Les thermomètres bilames. La température est indiquée sur un cadran devant lequel se déplace une aiguille actionnée par une spirale métallique ; celle-ci, constituée de deux rubans métalliques ayant des coefficients de dilatation différents, s'enroule plus ou

moins suivant la température ambiante. Ce type de thermomètre est peu précis ; il est donc à déconseiller pour les relevés météo.

→ Le pluviomètre

■ CET INSTRUMENT – qui ne peut évidemment être utilisé qu'à l'extérieur – mesure le volume des précipitations, qu'il s'agisse de pluie ou de neige.
Il est très facile de réaliser un pluviomètre, puisqu'il s'agit simplement d'un entonnoir (ou d'un cylindre) se déversant dans un récipient amovible, gradué. Une précipitation de 10 mm signifie que, sur une surface horizontale et imperméable, l'eau aurait formé – en l'absence de toute évaporation – une couche d'1 cm d'épaisseur. Si les précipitations sont solides (neige, grésil, grêle), on laisse fondre et on mesure ensuite.

■ POUR ACCROÎTRE LA PRÉCISION de la mesure, il suffit d'amplifier la hauteur d'eau recueillie en la déversant dans un récipient (de préférence une éprouvette en verre gradué) dont la section est beaucoup plus faible que celle du collecteur. Il faudra bien entendu diviser la hauteur mesurée par le rapport des surfaces. Une mesure au millimètre près donnera une précision au dixième de millimètre si la surface de l'éprouvette est dix fois plus faible que celle du pluviomètre.

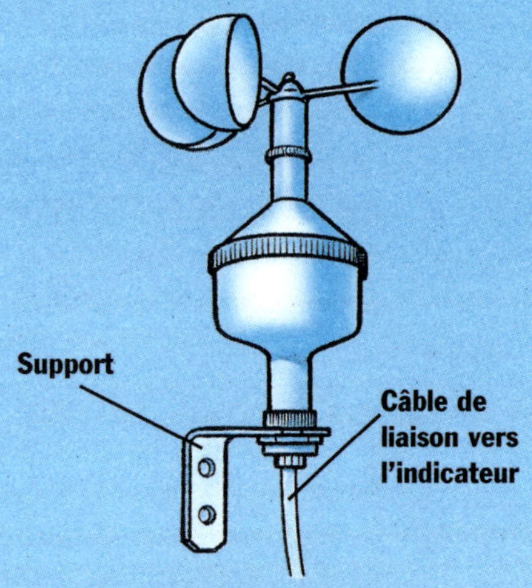

Anémomètre

■ LES PLUVIOMÈTRES DES STATIONS MÉTÉO professionnelles sont plus perfectionnés. Ils comportent à l'intérieur un auget basculant qui actionne un signal électrique pour chaque millimètre d'eau recueilli. Ceci permet de connaître également le rythme de la précipitation.

→ L'anémomètre

Cet instrument permet la mesure de la vitesse du vent. Il en existe de nombreux modèles : à coupelles, à hélices, à tubes à pression, sonores (par perturbation d'une émission d'ultrason) ou à fil chaud (par perte de chaleur autour d'un fil de platine).

L'anémomètre à fil chaud est le plus sensible, capable de détecter des sautes de vent dans des intervalles de temps inférieurs au centième de seconde. Mais ils sont réservés aux professionnels.

■ L'ANÉMOMÈTRE COURANT comporte trois bras fixes, disposés à 120 degrés, et portant à leur extrémité une coupelle hémisphérique. L'ensemble est mobile, comme la girouette, sur un axe vertical. Le vent fait tourner les bras en s'engouffrant dans les coupelles, la mesure de la vitesse pouvant être effectuée au chronomètre, en comptant le nombre de tours sur un intervalle de temps donné ; l'une des coupelles doit être peinte d'une couleur voyante pour être repérable facilement. Le périmètre du cercle circonscrit par les coupelles, multiplié par le nombre de tours et divisé par le temps de la mesure (en secondes), donne la vitesse du vent en m/s. Une multiplication par 3,6 permet d'obte-

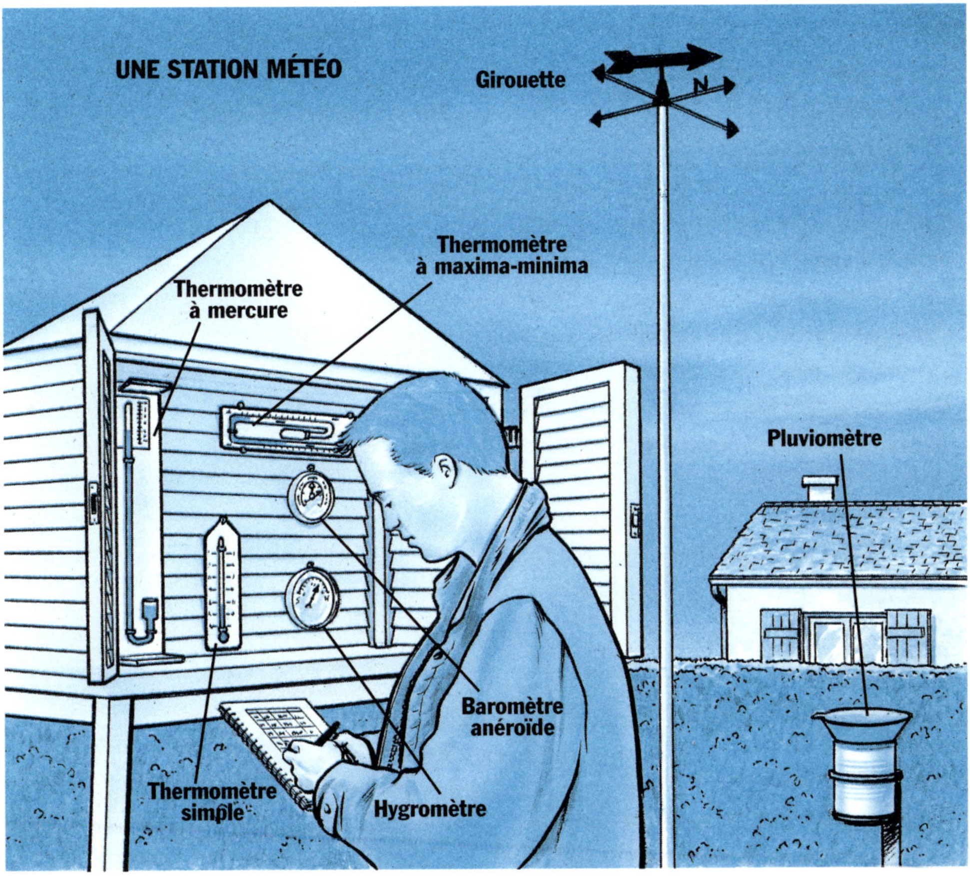

nir des km/h. Les anémomètres perfectionnés sont reliés à un compteur spécialement étalonné, qui permet une lecture directe de la vitesse.

■ IL EXISTE UN MOYEN TRÈS COMMODE de déterminer la vitesse du vent sans aucun instrument. Il suffit de noter ses effets (déplacement de la fumée, bruissement des feuilles, parapluies retournés, etc.) et de se reporter à l'échelle de Beaufort.

Fonctionnement de la station

Muni de ces instruments de base, l'amateur de météo peut alors effectuer des relevés et se risquer à des prévisions. Il est évidemment très instructif de comparer la prévision à la réalité, pour affiner les prévisions suivantes. L'installation des instruments et le relevé des mesures obéissent à quelques règles de bon sens. Il est judicieux de rassembler les instruments en un seul endroit et d'effectuer les relevés au bon moment, qui varie selon la mesure concernée.

■ Installer une station météo

Pour installer une station météo digne de ce nom, il faut disposer au moins d'un petit jardin. L'endroit doit être plat, recouvert de pelouse, et ne pas se trouver à proximité d'arbres de grande taille ou de bâtiments de hauteur élevée, qui auraient une influence sur les mesures du vent ou de la température.

■ LA PARTIE PRINCIPALE de la station sera un abri en bois, dans lequel seront placés les principaux instruments de mesure, ainsi protégés à la fois du soleil et des intempéries. Cet abri peut être une simple caisse, percée de trous pour l'aération. Mais on peut construire une base plus élaborée, avec persiennes d'aération et porte d'accès montée sur charnières, à l'image des stations météo professionnelles.
L'ensemble doit être peint en laque blanche, cette couleur réfléchissant bien la chaleur, son vernis permettant de résister aux intempéries. Veillez à diriger l'ouverture vers le nord, afin que les rayons solaires ne perturbent pas la lecture de la température.

■ UN ABRI-TYPE renfermera un thermomètre à mercure, pour la mesure précise de la température instantanée, un thermomètre à maxima-minima, un hygromètre, ou à défaut un second thermomètre à mercure dont le réservoir sera entouré d'un petit cylindre de mousseline pouvant être humidifiée, pour être utilisé en tant que psychromètre et enfin un baromètre anéroïde. Thermomètre, baromètre et hygromètre sont parfois regroupés sur une seule et même plaquette, pour constituer une petite station météo d'intérieur.

■ QUANT AU PLUVIOMÈTRE, il peut n'être qu'une simple boîte de conserve dans laquelle on placera un entonnoir dont le diamètre sera un peu supérieur, pour faire écran au rayonnement solaire et limiter l'évaporation. On le placera à environ 1 m du sol, fixé sur un piquet lui-même enfoncé en terre.
L'ensemble devra être amovible, de façon que le contenu de la boîte puisse être versé dans une éprouvette graduée ou un verre mesureur.

■ Effectuer des relevés météo

Une fois la station réalisée, il reste à l'utiliser le plus judicieusement possible. Le relevé des instruments ne doit pas être effectué n'importe quand, ni n'importe comment.

→ Règles élémentaires

■ RELEVER LES INSTRUMENTS régulièrement (sinon les mesures ne présentent guère d'intérêt). Il faut effectuer des relevés quotidiens, si possible à heures fixes. Les météorologistes officiels ont retenu 7 h, 14 h et 21 h, mais on peut se contenter de deux relevés, matin et soir. La pression atmosphérique subit une oscillation diurne dont l'amplitude est d'environ 1 mb aux latitudes moyennes (nulle aux pôles, 4 mb à l'équateur), avec un maximum à 10 h et 22 h, un minimum à 4 h et 16 h. Il est donc recommandé de relever le baromètre aux heures intermédiaires : 7 h, 13 h ou 19 h, pour ne considérer que les variations réellement en rapport avec le déplacement des masses d'air. Il ne faut jamais relever la température au soleil : la valeur ainsi obtenue, contrairement à ce que l'on croit souvent, n'a aucune signification. Ce qui importe, c'est la température de l'air.

■ LA PLUVIOMÉTRIE doit être mesurée tous les jours (à condition évidemment qu'il ait plu) le plus tard possible dans la journée.

■ SI VOUS UTILISEZ UN BAROMÈTRE anéroïde, n'oubliez pas de l'étalonner en fonction de l'altitude du lieu d'observation.
Il suffit pour cela de connaître la pression relevée par la station météo la plus proche de votre domicile (la valeur indiquée est toujours ramenée au niveau de la mer) et de placer l'aiguille de votre baromètre au même niveau.

Attention aussi à ne pas confondre millimètres et millibars ; les cadrans des baromètres anéroïdes comportent généralement les deux échelles.

■ IL EST CONSEILLÉ ÉGALEMENT de vérifier l'exactitude des thermomètres à maxima-minima en prenant pour référence la température indiquée par un simple thermomètre à mercure.

→ Tableau synoptique

Pour être utilisables, les relevés météo doivent être portés sur un tableau « synoptique », permettant de voir d'un seul coup d'œil les différentes valeurs.
Mais on ne relève pas que des valeurs numériques ; il y a aussi des éléments non précisément chiffrables, comme la nébulosité (fraction du ciel couverte de nuages) ou le type de nuages présents ; il est alors intéressant d'utiliser des symboles.

■ UNE CONVENTION INTERNATIONALE exprime la nébulosité en « octas », c'est-à-dire en huitièmes.
Le principe consiste à regrouper par la pensée tous les nuages dans un même secteur du ciel et à évaluer le degré d'obscurcissement de ce ciel.

■ TOUTES LES INDICATIONS des instruments de votre station ne serviront pas pour établir des prévisions. La température et la pluviosité, par exemple, n'ont qu'un caractère statistique.
Mais, accumulées sur une longue période de temps, elles permettront de définir le climat moyen de votre région.
À condition d'être patient : les météorologistes officiels considèrent en effet que, pour obtenir une moyenne valable, les observations doivent porter sur plus de 30 ans !

PETITE HISTOIRE DE LA MÉTÉO

LES INSTRUMENTS

L'un des premiers instruments météo fut la girouette, inventée vers 1500 par Léonard de Vinci, qui aurait également imaginó l'hygromètre. C'est en fait Ferdinand II de Toscane qui, vers 1650, réalisa le premier appareil à mesurer l'humidité de l'air. La première mesure fut sans doute celle du cardinal de Cusa, qui évalua le degré d'humidité de l'air en pesant des boules de laine respectivement sèche et humide. L'hygromètre à cheveu, dû à Horace Bénédict de Saussure, n'apparut qu'en 1783.

Le thermomètre fut inventé en 1597 par Galilée, mais il n'existait alors aucune échelle de mesure. C'est le Néerlandais Huygens qui proposa, en 1665, de définir la température à partir des deux états caractéristiques de l'eau : la congélation et l'ébullition.

Le premier baromètre est dû au physicien italien Gasparo Berti (Giovanni Baliani) qui, en 1641, fixa le long du mur de sa maison un tube de 10 mètres de haut, rempli d'eau, dont l'extrémité inférieure plongeait dans un grand bac du même liquide. De sa fenêtre, selon qu'il voyait ou non le sommet de la colonne d'eau, il en déduisait le temps... Deux ans plus tard, son compatriote Torricelli découvrit que le poids de la colonne liquide correspondait à la pression exercée par l'atmosphère sur l'eau du récipient. Il remplaça l'eau par l'élément le plus dense qui soit en même temps liquide à la température ambiante (le mercure), afin de diminuer par commodité la hauteur de la colonne. Le mercure étant presque 14 fois plus dense que l'eau, la hauteur s'en trouva réduite d'autant : elle n'est plus que de 76 centimètres. Ainsi est né le baromètre à mercure.

À la fin du XVIIe siècle, avec l'invention de l'anémomètre et du pluviomètre, la panoplie des instruments météorologiques était complète.

LES RELEVÉS

Les relevés se présentèrent d'abord sous forme de « journaux météo ». Les plus anciens, retrouvés à Florence, datent de 1655. Parmi les plus intéressants, ceux du philosophe John Locke débutent avec l'année 1666. Les mesures resteront irrégulières jusqu'en 1706, année à partir de laquelle des relevés ininterrompus sont effectués à l'Université d'Utrecht.

Dès 1781, le chimiste Lavoisier, reprenant une idée du physicien Borda, avait suggéré que les phénomènes météo étaient migrateurs, imaginant la possibilité de créer un réseau de stations météorologiques. Mais l'absence de moyens de transmission – et la guillotine – interrompirent ses projets...

En fait, le premier réseau météo est dû à Ferdinand II duc de Toscane, qui créa, en 1654, dix stations de relevés du temps, notamment à Florence, Pise, Paris et Varsovie. C'est l'hostilité de l'Église face aux mesures savantes qui entraîna leur interruption, en 1667. Un autre réseau fut créé par la Royal Society de Londres, qui fonctionna jusqu'en 1735.

L'événement qui marqua la naissance officielle de la météorologie scientifique est en fait plus récent. En novembre 1854, la France, l'Angleterre, le Piémont et la Turquie sont engagés dans une guerre contre la Russie et les flottes alliées bloquent le port de Sébastopol. Le 14 de ce mois, la flotte française, ancrée à Balaklava, en mer Noire, est détruite par une violente tempête. Une quarantaine de navires sont perdus. Suite à ce désastre, Napoléon III demande au maréchal Vaillant, ministre de la Guerre si cette tempête aurait pu être prévue. L'astronome Urbain Le Verrier, chargé du travail, rassemble les relevés effectués dans plusieurs observatoires et universités, retraçant le trajet de la tempête à travers l'Europe. Il en déduit qu'elle aurait pu être annoncée. Il propose à l'empereur de mettre sur pied un réseau de stations à travers l'Europe, dont les observations seront transmises à Paris par le télégraphe, qui vient juste d'être inventé. En 1856, on compte déjà 21 stations en Europe et, à partir de 1863, l'observatoire de Paris – dont Le Verrier est le directeur – commence à diffuser des « bulletins du temps » et des avis de tempête. À la mort de Le Verrier, en 1877, est créé le Bureau central météorologique.

LES STATIONS MÉTÉOROLOGIQUES ÉLECTRONIQUES

Les stations météorologiques électroniques offrent à domicile des éléments utiles pour établir des prévisions personnalisées.

Elles sont faciles à utiliser car les mesures sont affichées sous forme digitale ou par symboles (soleil, nuages, pluie). Ces stations proposent – pour les plus perfectionnées – un anémmètre, un pluviomètre, un hygromètre, et un thermomètre.

Le tout est rassemblé en un seul appareil qui ressemble à une grosse calculatrice de poche, que l'on fixe à l'intérieur de l'habitation.

De ce boîtier partent des sondes disposées à l'extérieur, selon les règlesd'usage : anémomètre et girouette sur le toit, thermomètre à l'abri du soleil, pluviomètre dans un endroit dégagé, etc.

Certains modèles de stations électroniques gardent en mémoire l'enregistrement des dernières 24 heures, ce qui permet d'extrapoler, donc de définir une tendance du temps pour les 24 heures à venir.

On peut désormais déverser directement des données météo provenant d'une station électronique personnelle dans l'ordinateur familial.

Ce dernier les enregistre et les sauvegarde dans une base de données, qui pourra ensuite être exploitée par un logiciel spécialisé, donnant mois par mois, ou année par année, les moyennes des différents paramètres relevés (températures, pluviométrie...).

Plus les relevés couvrent une grande période, plus la climatologie ainsi établie sera précise.

Certaines stations indiquent même la « météo intérieure », avec température et hygrométrie de la pièce dans laquelle elles sont installées, avec indication de la « zone de bien-être », qui est une combinaison de ces deux éléments.

Certains modèles assurent également une mesure du champ électrique de l'air, déclenchant une alarme sonore environ une demi-heure avant un orage.

Pour ce qui concerne la prévision, récupérer des données météo ne suffit pas. Encore faut-il les interpréter correctement et rapidement. Des logiciels de prévision existent, mais les plus performants et les plus élaborés sont aussi les plus coûteux : plus de 30 000 F, ce qui restreint cette solution aux professionnels.

Il existe toutefois des solutions plus simples et plus abordables : moins de 2 500 F pour la carte (WeathClim, par exemple), de 400 à 1 600 F pour les stations de mesure.

On peut consulter à ce sujet le serveurwww.weathershop.com sur Internet.

9

Les climats d'hier à demain

Depuis la formation de la Terre, le climat n'a jamais cessé de se modifier et il n'a pas toujours été clément. Voilà 18 000 ans, nos ancêtres de l'âge de pierre subissaient une période glaciaire. Les données sur l'histoire du climat terrestre ont été recueillies dans les carottes de glace prélevées au Groenland et dans l'Antarctique. Lorsque la neige tombe sur ces continents gelés, elle piège des bulles d'air entre ses flocons ; cette neige se transforme en glace sous l'effet de la pression, emprisonnant les gaz. Les scientifiques analysent le contenu chimique de la glace et des bulles de gaz dans des carottes de 2 000 mètres de hauteur et reconstituent les contenus de l'atmosphère. Ils retrouvent ainsi l'histoire du climat, d'il y a 200 000 ans jusqu'à aujourd'hui : les trois grands cycles naturels avec un rythme de 25 000, 40 000 et 100 000 ans. Leur combinaison fait que certains peuvent se compenser, d'autres s'accentuer. D'autres méthodes sont également mises en œuvre : palynologie, cernes des arbres, carbone 14... qui montrent que des fluctuations relativement récentes se sont faites plus rapidement qu'on ne le pensait. En ce qui concerne le dernier millénaire, avant le début des relevés scientifiques, les paléoclimatologues utilisent également les descriptions du climat trouvées dans des documents écrits (correspondance privée, bulletins paroissiaux, etc.).

Les climats du passé

■ Les cycles glaciaires

L'analyse des bulles emprisonnées dans les glaces du Groenland et de l'Antarctique révèle que les périodes chaudes et froides n'ont cessé d'alterner.

Il y a 2 ou 3 millions d'années, apparaissent des périodes cycliques, chaudes et froides, d'environ 40 000 ans. Cette durée correspond au cycle de variation de l'orientation de l'axe de rotation de la Terre.

Ces perturbations de la géométrie de l'orbite de la Terre atténuent de 10 % la différence entre la quantité de lumière solaire reçue en hiver et en été et pourraient être responsables du début ou de la fin des périodes glaciaires.

→ Les 10 000 dernières années

Ces 10 000 années ont été exceptionnelles dans l'histoire de notre planète : jamais, depuis 100 000 ans, le climat n'avait été si régulier ni si stable. Des carottages dans la glace du Groenland ont révélé, pendant la dernière glacia-

→ LES RECORDS DE TEMPÉRATURE

Notons d'abord que la température moyenne mondiale est très voisine de 15 degrés et que cette moyenne (annuelle) oscille entre + 34 °C pour des pays comme l'Éthiopie et – 57 °C pour l'Antarctique. La moyenne française est de + 12 °C, légèrement inférieure à la moyenne mondiale.

Quant aux températures extrêmes, elles présentent une amplitude de 146 degrés. L'extrême positif (+ 58 degrés) a été enregistré à San Luis (Mexique) le 11 août 1933 et à Aziza (Libye) en septembre 1922. L'extrême négatif (– 88 °C) l'a été à la base soviétique « Vostok », en Antarctique, le 24 août 1960 (c'était alors l'hiver dans l'hémisphère Sud). Pour l'hémisphère Nord le pôle du froid se situe en Sibérie, à Verkhoïansk : on y a mesuré – 68 °C le 5 février 1891.

La plus basse température en Europe fut relevée à Helsinki, en Finlande, durant l'hiver 1941-1942 : – 55 °C. Pour les États-Unis, les extrêmes sont de + 57 °C et + 53 °C respectivement en Californie et en Arizona, – 62 °C et – 54 °C en Alaska et au Wyoming.

En France, le record du froid est détenu par le petit village de Mouthe, dans le Jura, avec – 40 °C le 24 décembre 1970. À Paris, le thermomètre est quand même descendu une fois à – 26 °C en décembre 1879. Quant au record français de chaleur, il revient à Toulouse, où il fit + 44 °C le 8 août 1923. Paris arrive non loin derrière avec 40 °C en juillet 1947.

tion, une série de vagues de froid et de réchauffement d'au moins 1 000 ans chacune, qui ont élevé ou abaissé la température hivernale moyenne, en Europe du Nord, d'environ 10 °C en seulement dix ans.
La dernière véritable période froide, longue d'un millier d'années, et nommée Dryas récent, s'est terminée il y a environ 11 000 ans. Le refroidissement du Dryas a touché toute la planète. On en trouve des traces dans les sédiments marins de l'Atlantique Nord, dans les glaciers de Scandinavie et d'Islande. Le réchauffement du plateau polaire de l'Antarctique s'est interrompu pendant cette période. Or, depuis la fin de cette période froide, la Terre n'a plus connu de telles variations de climat.

Le climat de demain

Nous connaîtrons sans doute une nouvelle glaciation dans quelques dizaines de milliers d'années. Les extrapolations montrent l'arrivée d'une première glaciation sérieuse dans 5 000 ans, suivie d'une autre dans 20 000 ans, et d'une équivalente à la dernière dans 60 000 ans. À court terme, toutefois, nous allons vers un réchauffement, qui sera sans doute ponctué d'épisodes froids semblables au « petit âge glaciaire » survenu à la fin du règne de Louis XIV, au début du XVIIIe siècle.
La température moyenne à la surface de la planète s'est accrue d'environ 0,5 °C depuis un siècle et la décennie 1985-1995 a été la plus chaude du siècle.
Tout le problème est de savoir si ce réchauffement est naturel ou causé par l'action de l'homme sur la Terre.

■ Le climat est-il perturbé ?

Le premier homme qui, au seuil de sa caverne, obtint du feu en frottant deux silex l'un contre l'autre, s'est peut-être vu accusé par son voisin de détraquer le temps… Il en fut de même lors de l'apparition du canon, du chemin de fer, de la radio, des avions à réaction et, plus récemment, des satellites artificiels (lesquels rendent au contraire de grands services à la météo). Même Bernardin de Saint-Pierre, l'auteur de *Paul et Virginie*, tomba dans ce travers au siècle dernier, en accusant la boussole de détraquer le temps avec son aiguille aimantée !
Suppositions ridicules quand on songe que l'énergie totale dégagée par un seul orage est celle d'une petite tranche nucléaire. Nos actions sont bien dérisoires en comparaison des forces à l'œuvre dans la nature.
Si le temps exerce indéniablement une action sur les hommes, l'action des hommes sur le temps est infiniment

→ LA FONTE DES GLACES

Il faut rectifier quelques idées reçues, notamment sur la fonte des glaces. La fonte de la banquise, première à se produire puisque cette glace est directement au contact de l'eau, ne fera pas monter d'un millimètre le niveau marin puisque la glace renferme de l'air.
Une fois transformée en eau, cette glace occupera donc le même volume. Ainsi, un glaçon dans un verre d'eau rempli à ras bord ne provoque-t-il aucun débordement une fois fondu...
Quant à l'énorme calotte antarctique, elle se trouve en effet, même en été, à une température de –40 °C. Une augmentation de 5 ou 15 °C ne changera rien.
L'augmentation du niveau des océans ne dépassera finalement pas un mètre à la fin du xxie siècle et sera due pour l'essentiel à un effet de dilatation thermique et à la fonte d'une partie des glaciers de montagne, dont l'eau rejoint la mer par les torrents et les fleuves. Mais le volume d'eau est infime, comparé à celui des inlandsis du Groenland et de l'Antarctique. Certes, beaucoup de régions seront sensibles à une telle différence (les marais, les atolls, les ports), car la plus grande partie de l'humanité vit sur les côtes. Mais on est loin en tout cas de certaines prédictions apocalyptiques.

plus limitée, et localisée. Elle est en tout cas bien plus faible qu'on ne l'admet généralement et les accusations portées contre les techniques modernes, soupçonnées de détraquer le temps, sont pour la plupart dénuées de fondement. Si l'on pense qu'il n'y a plus de saisons et que le temps est détraqué, c'est parce que l'on a la mémoire courte, et que l'on oublie vite les anomalies passées pour se cristalliser sur la moindre incartade du moment.
En réalité, les saisons ont toujours subi des fluctuations et il y eut dans le passé des variations climatiques beaucoup plus marquées, alors que n'existaient ni les avions, ni les fusées... ni les bombes aérosols !

→ Le réchauffement

■ IL EST VRAI qu'à mesure que la population augmente, l'impact des activités humaines cesse d'être négligeable. Depuis le début de l'ère industrielle, il y a un peu plus de deux siècles, l'homme perturbe sensiblement l'atmosphère, entraînant l'augmentation des gaz dits « à effet de serre » : méthane et dioxyde de carbone. Le développement de l'agriculture, l'augmentation des surfaces habitées et de la production d'énergie ont doublé la teneur en méthane de l'atmosphère. Sous l'effet de l'industrialisation et de la déforestation, la teneur en gaz carbonique a augmenté de plus de 25 % et cette croissance est de plus en plus rapide. Mais on a relevé une augmentation du même ordre au cours du dernier cycle glaciaire et ce n'est pas l'homme qui en était responsable ! Il semble donc plus logique de penser que c'est la hausse des températures qui provoque une augmentation de la part du dioxyde de carbone dans l'atmosphère, et non l'inverse. L'augmentation de la teneur en gaz carbonique due à l'activité humaine ne provoque pas, mais accentue sans doute, l'effet de serre.

■ LA GRANDE DIFFICULTÉ de l'étude de l'atmosphère tient dans la multiplicité des causes et des effets : l'atmosphère interagit avec l'océan, avec la biosphère, avec l'homme. Il semble qu'il existe une relation à double sens entre le dioxyde de carbone, le méthane et les changements climatiques. C'est une rétroaction négative : lorsque le monde est plus froid, la teneur en gaz à effet de serre est plus faible et moins de chaleur est retenue. Inversement, quand la Terre se réchauffe, la teneur en dioxyde de carbone et en méthane augmente, accélérant le réchauffement. La théorie du piégeage de la chaleur montre que si le taux de dioxyde de carbone double d'ici à l'an 2050, l'atmosphère se réchauffera dix fois plus rapidement que la fluctuation naturelle moyenne. Les 3 à 4 °C d'augmentation de la température moyenne annoncés voici quelques années sur un ton alarmiste ont cependant été réduits depuis à 1 ou 2 °C, avec encore une tendance à la baisse…

■ L'ATMOSPHÈRE ne contient que 2 % des réserves totales de dioxyde de carbone existant sur Terre, la plus grande partie étant contenue dans les roches (sous forme de carbonates) et dans l'eau des océans. Une augmentation artificielle de cette quantité n'est donc pas catastrophique – jusqu'à un certain point évidemment – dans la mesure où le trop-plein se trouve absorbé par les océans. Par ailleurs, les végétaux en transforment chaque année 60 milliards

→ L'EFFET DE SERRE

L'effet de serre est un phénomène naturel : 60 % du rayonnement solaire est réfléchi ou diffusé par les nuages et les aérosols en suspension. Les 40 % restants n'en ont pas moins une grande importance. Parvenus au sol, ils élèvent en effet la température des océans et des continents qui, transformés en radiateurs à basse température, deviennent à leur tour des émetteurs de rayonnement infrarouge, c'est-à-dire de chaleur. C'est là qu'interviennent les gaz à effet de serre (le premier des gaz à effet de serre n'est pas le dioxyde de carbone mais la vapeur d'eau), qui ont la propriété de bloquer la réémission vers l'espace de ce rayonnement thermique et piègent cette chaleur secondaire, comme le verre des serres.
Une partie du rayonnement diffusé est réabsorbée dans l'atmosphère ; une autre partie s'échappe dans l'espace ; enfin le reste est absorbé à la surface de la Terre, s'ajoutant à l'énergie thermique qui s'y trouve déjà. Cet « effet de serre » élève la température moyenne de la Terre à + 15 °C, alors qu'elle devrait être de – 18 °C.

de tonnes par le processus de photosynthèse et pourraient sans doute en absorber davantage. Il a en effet été constaté que ce surcroît de CO2 avait plutôt tendance à stimuler la croissance végétale. Sans compter que d'autres rétroactions peuvent se produire, tout excès provoquant un phénomène compensatoire qui tend à ramener à l'équilibre: plus de chaleur entraîne plus d'évaporation, qui entraîne plus de nébulosité, qui réduit l'ensoleillement direct, et amène donc un refroidissement…

→ DEUX EXPÉRIENCES POUR AUGMENTER LA PLUIE

Le projet Whitetop, mené dans le Missouri, aux États-Unis, entre 1960 et 1964, devait accroître, en plaine, les précipitations issues de cumulus d'été. L'ensemencement se faisait avec un avion équipé de brûleurs à iodure d'argent. Les analyses statistiques montrent un résultat incertain. Une autre expérience, menée en Israël de 1971 à 1977, portait sur des nuages de type continental, donc plus riches en noyaux de condensation: la coalescence et la multiplication de la glace devaient y jouer un rôle mineur. Un avion dispersait l'iodure d'argent dans la zone de mesure. Les précipitations des nuages ensemencés étaient de 15% plus abondantes que celles des nuages non ensemencés, or un accroissement des précipitations de cet ordre semble possible. Mais les résultats israéliens n'ont pas été reproduits ailleurs.

→ La pollution atmosphérique

■ PLUS GRAVE, dans l'immédiat, est le fait que l'absence de vent et les inversions de température favorisent l'accumulation des gaz polluants (oxydes de carbone, oxydes d'azote, dioxyde de soufre, vapeurs de plomb, hydrocarbures).

Normalement, la température de l'air décroît avec l'altitude. Mais ce n'est plus le cas quand le sol se refroidit rapidement par une nuit claire, lorsque l'évaporation d'une averse d'été crée un effet « oasis », ou quand un front chaud passe au-dessus d'une surface froide. Une masse d'air froid peut ainsi se trouver piégée au sol pendant plusieurs jours, voire plusieurs semaines, comme sous une cloche. Ne pouvant s'élever, l'air n'est pas renouvelé par afflux normal d'air extérieur. Le résultat est une « mare aérologique », c'est-à-dire une masse d'air stagnante dans laquelle les polluants s'accumulent. Le dioxyde de soufre, notamment, se transforme en anhydride sulfureux, qui réagit avec la vapeur d'eau pour former une brume d'acide sulfurique, qui irrite les yeux et engendre des maladies respiratoires.

■ CE MÉLANGE DE FUMÉE et de brouillard a été baptisé « smog » (contraction des mots anglais *smoke* et *fog*), parce qu'il affectait surtout, autrefois, Londres et les grandes villes industrielles anglaises. Il fit 4 000 victimes en une semaine dans la capitale britannique, du 4 au 10 décembre 1952. La responsable était alors la combustion du charbon par les industries et le chauffage domestique. Aujourd'hui, ce sont surtout les transports qui sont accusés. Dans les grandes métropoles industrielles, le « smog » est parfois aggravé par la topographie locale, comme à Los Angeles, Mexico, Sao Paulo ou Athènes. Cette couche brune surmontant la ville est visible de loin quand on s'approche, venant de l'extérieur. C'est un brouillard photochimique (ou photo-oxydant), dû à une réaction entre les gaz polluants (oxydes d'azote, vapeurs d'hydrocarbures) et le rayonnement solaire (chaleur et lumière). Sous l'effet du soleil, les oxydes d'azote se transforment en ozone et en dioxyde d'azote, à l'origine de ce brouillard photochimique oxydant, qui connaît un pic en fin d'après-midi, au moment où il fait le plus chaud.

■ Pourra-t-on modifier le temps ?

Jusqu'à maintenant, on a seulement cherché à éliminer les brouillards, à diminuer les conséquences de la grêle et à provoquer des pluies au-dessus de régions arides ou désertiques. Mais l'action volontaire de l'homme reste encore très localisée.

→ Dissiper les brouillards

On sait aujourd'hui dissiper localement des brouillards surfondus. Quelques aéroports sont équipés pour injecter de grandes quantités de propane dans l'atmosphère, par des dizaines de diffuseurs qui provoquent un assèchement de l'air.

→ Combattre la grêle

Les tentatives de réduction des précipitations de grêle, pour la plupart, exploitent la compétition entre grêlons lors de leur croissance.

On suppose qu'un ajout de noyaux glaçogènes limite la quantité d'eau liquide collectée par chaque grêlon. Ceux-ci deviennent plus nombreux, mais plus petits : ils chutent moins vite et fondent partiellement avant d'atteindre le sol.

Dans les années 1970, pour vérifier la crédibilité de cette hypothèse, un programme de recherches sur la grêle a été mené dans le Colorado.

Après trois ans, le résultat des ensemencements restait incertain. En 1975, les ensemencements ont été suspendus car on craignait une diminution des précipitations sur ces régions arides, où cette diminution aurait eu plus d'impact économique qu'une modification des quantités de grêle.

Ces mauvais résultats ont été confirmés par une expérience suisse menée de 1977 à 1981.

→ Faire tomber la pluie

Quant aux expériences visant à augmenter la pluie qui tombe, elles sont encore moins convaincantes.

■ LA PREMIÈRE MÉTHODE consiste à déclencher le processus de coalescence : il s'agit d'injecter de gros noyaux de condensation ou des gouttes d'eau qui capturent des gouttelettes en suspension dans le nuage.

■ LA DEUXIÈME MÉTHODE vise à introduire quelques cristaux de glace dans un milieu de gouttelettes surfondues.

■ LA TROISIÈME MÉTHODE tend à provoquer une glaciation massive du sommet du nuage, en y introduisant de grandes quantités d'iodure d'argent ou de neige carbonique ; c'est la méthode dite d'« ensemencement dynamique », où l'on stimule le développement vertical du nuage en libérant la chaleur latente de glaciation.

L'évaluation des modifications obtenues est difficile.

Si l'homme devait pouvoir modifier sensiblement le temps, cela n'irait pas sans poser de graves problèmes. Car la notion du beau et du mauvais temps n'est pas la même pour tout le monde.

Les agriculteurs, par exemple, souhaitent souvent de la pluie, alors que les touristes espèrent du soleil. Chacun souhaite évidemment que les conditions météo soient propices à ce qu'il a prévu de faire : de la neige pour les skieurs, un peu de vent pour les amoureux de la voile, des courants ascendants pour les amateurs de vol à voile, du soleil pour les adeptes du bronzage...

10

Les mots de la météo

→ Abri météo

Il regroupe un certain nombre d'appareils météorologiques protégés des intempéries, tout en étant maintenus à l'air par une libre circulation de l'air à l'intérieur. Cet abri doit être situé à 1,50 m au-dessus du sol et son ouverture orientée au nord. À l'intérieur, sont généralement disposés baromètre anéroïde, thermomètre à maxima-minima, hygromètre, ou leurs équivalents enregistreurs : thermographe, hygrographe et barographe.

→ Air

On a longtemps cru que l'air était un élément chimique en lui-même, et c'est seulement dans la seconde moitié du XVIIIe siècle – il n'y a donc guère plus de 2 siècles – qu'on l'a décomposé en plusieurs corps simples. L'air que nous respirons est un mélange de trois gaz, qui restent gazeux en n'importe quel point de la Terre, quelles que soient les conditions météo. Leur point de liquéfaction est en effet situé au-delà des températures extrêmes rencontrées sur la planète. L'azote, constituant essentiel (78 %) de l'air, est un gaz inerte qui s'est accumulé dans l'atmosphère à la suite d'intenses éruptions volcaniques.

L'oxygène, en seconde position, est presque quatre fois moins abondant que l'azote (21 %) et n'existait pas à l'origine ; il est apparu voici 2 milliards d'années avec le développement de la vie aérobie. Ces deux gaz constituent à eux seuls l'essentiel de l'air atmosphérique, puisque très loin derrière (moins de 1 %), arrive l'argon, produit par la désintégration radioactive du potassium dans le manteau et la croûte terrestre. Le néon, le krypton et le xénon sont d'autres émanations de la croûte terrestres présentes dans l'atmosphère, mais elles sont en quantité infime.

→ Alizés

Vents réguliers, qui soufflent de façon constante toute l'année, au niveau des 30e parallèles Nord et Sud. Se dirigeant des hautes pressions subtropicales vers les basses pressions équatoriales (ce qui les amène à souffler depuis le nord-est au nord de l'équateur, et depuis le sud-est dans l'hémisphère austral), ils sont mis à profit par les navigateurs qui traversent les océans à la voile. Christophe Colomb fut le premier à noter l'existence et à tirer parti des alizés.

→ Anémomètre

Instrument de mesure de la vitesse du vent. Le premier fut conçu en 1664 par le physicien britannique Hooke et perfectionné par Wattman en 1790.

→ Anticyclone

Zone de haute pression (supérieure à 1 015 mb), autour de laquelle les vents tournent dans le sens des aiguilles d'une montre (dans l'hémisphère Nord).
Le maximum enregistré est de 1 079 mb (en Sibérie) le 23 janvier 1900.
La présence des anticyclones correspond généralement à du beau temps.

→ Arc-en-ciel

Phénomène lumineux se déroulant dans l'atmosphère, provoqué par la réfraction de la lumière solaire à travers des gouttes de pluie. L'arc-en-ciel apparaît lorsque l'on regarde en direction d'une averse, en tournant le dos au soleil.
Un second arc, moins lumineux, avec des couleurs inversées, apparaît parfois à l'extérieur.

→ Atmosphère

Couche d'air entourant la Terre jusqu'à environ 3 000 km d'altitude. La zone la plus basse (moins de 17 km) est le siège d'un grand nombre de phénomènes dont l'étude constitue la météorologie. En valeur absolue, l'épaisseur de la couche d'air qui enveloppe la Terre nous paraît considérable, puisqu'elle correspond à peu près, à la verticale, à la distance Paris-Le Caire. Ramenée aux dimensions du globe terrestre, cette couche est relativement faible, puisqu'elle ne représente qu'un quart du diamètre de notre planète. Si l'on ne considère que l'atmosphère dite dense, dont la limite se situe vers 120 km, il s'agit d'une mince pellicule : l'équivalent de 2 mm sur une mappemonde !

→ Averse

Précipitation soudaine et abondante, avec un début et une fin brusques, engendrée par les nuages de type cumuliforme.

→ Ballon-sonde

Les premières mesures en altitude ont débuté en 1890 à l'aide d'instruments fixés à des cerfs-volants. À l'origine, il s'agissait seulement de déterminer la direction et la force du vent en altitude. Les ingénieurs français Léon Teisserenc de Bort et Assman, en 1896, ont ensuite développé la technique du ballon-sonde, permettant d'atteindre la stratosphère. Elle sera perfectionnée en 1927 par Bureau et Idrac, inventeurs de la radio-sonde : les instruments de mesure sont reliés à un émetteur, qui transmet les mesures au sol sous forme codée, tandis qu'un parachute permet de récupérer la sonde. Les radio-sondes sont d'un usage quotidien dans certaines stations météo, dont le centre de Trappes (Yvelines), où Teisserenc de Bort créa le premier centre de recherches aérologiques et réalisa le premier radiosondage, en 1929.

→ Bar

Unité de pression atmosphérique équivalant à 1 g/cm³. Les météorologistes utilisent en fait l'hectopascal (anciennement millibar), plus en rapport avec l'ordre de grandeur des variations de la pression atmosphérique.

→ Baromètre

Instrument de mesure de la pression atmosphérique. Le premier baromètre était à eau. Puis furent inventés les baromètres à mercure. Les baromètres les plus courants sont du type anéroïde (inventé en 1847 par Vidie) : les variations de pression sont détectées par l'écrasement plus ou moins important d'une capsule souple à l'intérieur de laquelle règne le vide. Les baromètres enregistreurs (barographes) des stations météorologiques sont de ce type.

→ Beaufort (échelle de)

Échelle qui permet de déterminer la force du vent d'après ses effets en mer puis à terre (voir encadré page 50).

→ Brise

Vent périodique provoqué localement par un appel d'air entre deux zones de températures différentes (par exemple : mer-terre, ou montagne-vallée), suivant une alternance jour-nuit.

→ Brouillard

C'est un nuage dont la base se situe au niveau du sol. Il en existe plusieurs sortes, selon qu'ils sont formés par évaporation, par mélange, par advection, ou par rayonnement. La visibilité dans le brouillard est toujours inférieure face à la direction du soleil, mais c'est l'inverse en cas de brume. Le brouillard disparaît dès que la vitesse du vent augmente, donnant des nuages du type stratus.

→ Bruine

Petite pluie fine, fréquente par temps de brouillard. On parle de bruine lorsque les gouttelettes d'eau ont moins de 0,5 mm de diamètre. Ce type de pluie, qui tombe lentement s'appelle « crachin ».

→ Brume

Brouillard peu épais, caractérisé par une visibilité supérieure à 1 km.

→ Cartes météo

Pour élaborer plus facilement leurs prévisions, les météorologistes visualisent leurs observations sur des

cartes dites synoptiques, car elles permettent d'avoir une vision d'ensemble instantanée du temps. Ces cartes comportent le tracé des isobares, lignes d'égale pression atmosphérique permettant de localiser immédiatement les zones anticycloniques et dépressionnaires dont dépend la trajectoire des perturbations nuageuses. Il existe également des cartes verticales donnant l'état de l'atmosphère en altitude, selon les mesures des ballons-sondes.
Sur les cartes sont portées un grand nombre d'indications : pression, température, point de rosée, visibilité, nébulosité, type des nuages présents, plafond des nuages éventuels, tendance de la pression au cours des trois dernières heures. Ces cartes sont publiées par la Météorologie nationale dans le « Bulletin quotidien de renseignements ». Celui-ci contient en outre une analyse générale de la situation météo présente, des prévisions sur 36 heures, des prévisions sur cinq jours, des données sur l'enneigement.

→ CEPMMT

Centre européen de prévisions météo à moyen terme, installé à Reading, à 80 km à l'ouest de Londres. Au sein de cet organisme, qui emploie 140 personnes, 17 pays européens conjuguent leurs efforts depuis 1975 pour établir des prévisions à 10 jours. Le CEPMMT est aujourd'hui situé au premier plan mondial pour la prévision à moyenne échéance.

→ Climat

Il existe une grande variété de climats à la surface de la Terre, que l'on a subdivisés en cinq types principaux : polaire, tempéré, subtropical, tropical, équatorial.
Quel que soit le temps d'une région donnée, les variations se situent toujours dans certaines limites.
On peut alors définir un « temps moyen » : c'est le climat. Pour le caractériser on relève notamment les valeurs maximale et minimale de la température, le nombre de jours de gelée, la pluviosité, la durée d'ensoleillement, la direction des vents dominants, etc. Lorsque la série d'observations enregistrées est suffisamment longue (30 ans), on peut déterminer une valeur moyenne de tous ces éléments, qui devient la « normale ».

→ Constante solaire

Le soleil est de loin le principal pourvoyeur d'énergie sur Terre. Les sources internes (géothermie, radioactivité des roches) sont 4 000 fois moins intenses. Cette énergie solaire représente un apport de 2 calories par centimètre carré et par minute.
C'est ce que les spécialistes appellent la « constante solaire » : elle peut faire monter la température d'1 litre d'eau d'1 degré en huit heures, ou faire fondre 5 cm de glace en une demi-journée d'éclairement, du moins en théorie. Car il faudrait pour cela que le rayonnement soit perpendiculaire à la surface, ce qui n'est le cas qu'aux environs de midi, pour des régions voisines de l'équateur.

→ Cyclone

Masse d'air dépressionnaire (moins de 900 hectopascals au centre) en rotation rapide sur elle-même.
Ce sont des « ouragans » (dans l'Atlantique Nord) et des « typhons » (dans le Pacifique). Les cyclones s'amorcent avec l'arrivée d'air froid sur une mer chaude, la condensation de l'eau évaporée libérant une grande quantité d'énergie. En août-septembre, dans l'hémisphère Nord, la chaleur des océans provoque la convection de l'air autour du cœur.
L'air ascendant se condense, libérant de l'énergie qui réchauffe l'air ; cela renforce la convection et le mouvement tourbillonnaire.
La dépression tropicale peut soit se creuser davantage, devenant une tempête tropicale puis un cyclone, soit se combler comme une dépression classique. Tout dépend de la température et de la quantité d'humidité.
Un cyclone s'autoentretient tant qu'il reste sur l'océan, mais se détruit rapidement dès qu'il aborde un continent.
Les cyclones naissent vers 10 degrés de latitude et se déplacent en bordure des anticyclones subtropicaux, présentant une structure circulaire parfaitement symétrique, avec un gradient de pression très fort (jusqu'à 1 mb par km). À la périphérie, les vents peuvent atteindre des vitesses considérables : 310 km/h pour Camille, en 1969. En 1960, le service météorologique des États-Unis a fixé une liste alphabétique permanente de quatre jeux de noms (en fait des prénoms féminins), réutilisés tous les quatre ans : Anna, Eve, Edith, Rachel, Carla, Brenda, Ingrid, Paula, etc. Seuls les cyclones particulièrement ravageurs gardent leur nom, les autres noms étant réemployés.

→ Dépression

Masse d'air au sein de laquelle la pression est inférieure à la pression standard de 1 015 mb. Le minimum jamais enregistré est de 870 mb. Les dépressions occupent toute l'épaisseur de la troposphère, mais cette épaisseur est infime comparée à leur extension horizontale. Elles sont habituellement génératrices de mauvais temps.

→ Dorsale

C'est une crête de haute pression issue d'un anticyclone.

→ Eau

Elle joue un rôle fondamental en météorologie. À l'état solide, c'est de la glace, qui donne un certain nombre d'hydrométéores (grésil, grêle, verglas, gelée blanche). À l'état de vapeur, l'eau est invisible, jusqu'à ce qu'elle se condense pour former un nuage ; sa concentration atteint alors 4 % du volume d'air.

→ Électrométéores

Le plus connu est l'éclair d'orage, qui se manifeste lorsque le potentiel électrique de l'air dépasse une certaine valeur. Cet éclair suit le trajet de moindre résistance électrique et peut atteindre, sous une forme sinueuse, 15 km de long. Il existe aussi des éclairs très particuliers donnant lieu à un phénomène encore mal connu : la foudre en boule.

→ Eumetsat

Organisation responsable depuis 1986 des satellites météorologiques européens (de la série Météosat), basée en Allemagne, à Darmstadt.

→ Fœhn

Ce vent chaud et sec est provoqué par la déshydratation d'une masse d'air humide après passage sur un versant montagneux. Il affecte particulièrement le versant suisse et autrichien des Alpes, mais par extension on appelle « effet de fœhn » tout processus analogue.

→ Front

Ligne de transition entre deux masses d'air de pression différente. Cette notion a été introduite par le météorologiste norvégien Bjerknes, en 1918. Le front est froid si la masse d'air froid (la plus dense) repousse la masse d'air chaud, et inversement. On parle de front occlus lorsqu'une masse d'air qui avance rejoint une masse d'air de même température qui la précède, en rejetant vers le haut la masse d'air (plus chaude ou plus froide) qui les séparait. En général, les fronts froids viennent d'Islande, les fronts chauds des Açores. Devant un front chaud, le vent souffle du sud-est, puis tourne au sud-ouest lors du passage du front. La pression baisse devant un front chaud et derrière un front froid.

→ Gelée blanche

Hydrométéore provoqué par le gel de gouttes de rosée.

→ Girouette

Instrument météorologique de base, destiné à renseigner sur la direction du vent. Elle a souvent la forme d'une flèche, d'un coq ou d'un avion.

→ Givre

Revêtement de glace dû au gel rapide de petites gouttelettes d'eau.

→ Gradient

Rythme de variation d'une mesure atmosphérique (température ou pression, par exemple). Au voisinage du sol, le gradient vertical de température est d'environ 1 degré pour 165 m, celui de la pression d'1 mb pour 9 m. Le gradient horizontal de pression, qui se calcule à partir de cartes isobares, donne la vitesse du vent : celui-ci est d'autant plus fort que le gradient est élevé. À l'intérieur d'un cyclone, ce gradient peut atteindre 1 mb/km, d'où les vitesses élevées qui sont alors créées.

→ Grain
Averse accompagnée d'un vent fort.

→ Grêle
Précipitation constituée de grêlons.

→ Grêlons
Ce sont de petites sphères de glace entraînées rapidement à haute altitude à l'intérieur de nuages orageux (cumulonimbus) et plus grosses que les grains de grésil. Au cours de cette montée, elles grossissent par accumulation de nouvelles couches de glace. Certains grêlons atteignent ou dépassent 6 cm de diamètre, c'est-à-dire la taille d'un œuf.

→ Grésil
Hydrométéore consistant en de petites gouttes d'eau gelées, très dures, qui rebondissent sur le sol. Le grésil est un grêlon de petite taille.

→ Halo
Photométéore qui prend l'aspect d'un cercle lumineux autour du soleil ou de la lune, provoqué par la réfraction de la lumière de ces astres à travers les cristaux de glace de nuages du type cirrostratus.

→ Hectopascal
Unité de pression atmosphérique (valant 100 pascals, soit 1/1 000 de bar), désormais utilisée en remplacement du millibar.

→ Héliographe
Dispositif photographique qui mesure la durée d'insolation. Il s'agit de deux demi-cylindres accolés dont le grand axe est dirigé vers le nord, munis sur leur face plane d'une fente très mince orientée vers le soleil ; l'un des demi-cylindres correspond au soleil du matin, l'autre, décalé de 90 degrés, correspond au soleil de l'après-midi.
À l'intérieur de chacun d'eux, un papier photographique de faible sensibilité s'impressionne si le soleil brille, ce qui permet de mesurer le temps d'insolation.

→ Humidité
Il faut distinguer l'humidité absolue (quantité de vapeur d'eau contenue dans un certain volume d'air) et l'humidité relative (rapport entre cette quantité et celle qui est admissible jusqu'à provoquer sa condensation). Une hygrométrie de 100 % correspond à un air saturé de vapeur d'eau (c'est le cas dans le brouillard).
Une humidité relative nulle n'existe pas au niveau du sol. L'hygrométrie varie au cours de la journée : forte vers 8 heures, minimale vers 14 heures.
Nos sens nous renseignent assez fidèlement sur le degré hygrométrique de l'air, en particulier parce que la chaleur est plus pénible à supporter si l'air est humide, la transpiration se trouvant alors ralentie.
De même, le froid est plus pénétrant si l'air est humide.

→ Hydrométéores

Ce sont tous les phénomènes atmosphériques qui font intervenir l'eau sous l'un de ses trois états : glace, liquide ou vapeur.
Les principaux hydrométéores sont la pluie, le brouillard, la rosée, la grêle, la neige.

→ Hygromètre

Instrument de mesure de l'humidité relative de l'air. L'hygromètre à cheveu repose sur le principe que les cheveux sont très sensibles aux variations de l'humidité ambiante.
Le psychromètre (voir ce mot) est plus précis.

→ Isobares

Lignes d'égales pressions tracées sur les cartes météo délimitant les anticyclones et les dépressions par rapport à la ligne moyenne de 1 015 mb, qui correspond à la pression atmosphérique standard.

→ Isothermes

Lignes d'égales températures, utilisées en climatologie pour repérer les régions froides, chaudes et tempérées suivant l'époque de l'année. On trace en particulier les isothermes de janvier et de juillet.

→ Ligne de grain

Ligne ininterrompue de nuages noirs, menaçants, accompagnés d'orages violents et de pluies torrentielles, parfois de tornades. À son approche, les vents changent de direction et se renforcent brutalement.
Une ligne de grain se forme lorsque les vents, au-dessus d'un front froid, ont la même direction que celui-ci, empêchant la masse d'air chaud de s'élever. Environ 200 kilomètres à l'avant du front, des vents forts obligent cet air chaud à s'élever avec une grande violence, ce quidonne alors naissance à une ligne de grain. Dans les régions quasi désertiques de l'Afrique subsahélienne, les lignes de grain fournissent la majeure partie des précipitations.

→ Marais barométrique

Zone géographique de grande étendue ne présentant pas de différences marquées de pression.

→ Météorologie

Science qui étudie la basse atmosphère et les phénomènes qui se déroulent en son sein. Le mot fut créé par Aristote, auteur du premier livre de météorologie, vers 340 avant notre ère.

→ Météosat

Série de satellites météo géostationnaires européens.

→ Microclimat

Conditions atmosphériques s'écartant sensiblement de la moyenne sur une zone restreinte: ville, vallée, baie, forêt, lac, etc.

→ Millibar

Millième de bar. Unité de pression atmosphérique, remplacée depuis 1986 par l'hectopascal.

→ Neige

Précipitation de cristaux de glace qui ont évolué en flocons. Les cristaux de neige affectent des formes très variées. Il existe aussi des flocons gelés, qui se rapprochent du grésil et donnent de la « neige roulée ». La quantité d'eau apportée par la neige est relativement faible puisqu'il faut une boule de 30 cm de diamètre pour obtenir 1 litre d'eau.

→ Nuages

Hydrométéores formés par la condensation de la vapeur d'eau contenue dans l'air, lorsque celui-ci est refroidi au-dessous de son point de rosée. On distingue officiellement dix genres de nuages et quatre types fondamentaux (cirrus, nimbus, stratus et cumulus). Abréviations : Ac = altocumulus. As = altostratus. Cb = cumulonimbus. Cc = cirrocumulus. Ci = cirrus. Cs = cirrostratus. Cu = cumulus. Ns = nimbostratus. Sc = stratocumulus. St = stratus.

→ OMM

Organisation météorologique mondiale. La première organisation météorologique internationale fut créée en 1871. Il s'agissait alors, surtout, d'accroître la sécurité en mer. L'Organisation météorologique mondiale, mise en place après la Seconde Guerre mondiale, est l'une des seize institutions spécialisées de l'ONU. Son siège est à Genève. Elle regroupe 171 États membres qui ont mis en commun leurs moyens pour une meilleure connaissance du temps.
Ces moyens sont considérables : 8 500 stations d'observation au sol, 1 480 stations de radiosondage, 4 800 navires et bouées, près de 200 radars, 600 avions et une dizaine de satellites. Ce réseau totalise 10 000 stations terrestres, qui effectuent des relevés toutes les trois heures. S'y ajoutent les observations provenant de 4 000 navires et un certain nombre de données de stations automatiques, sur plusieurs centaines de bouées fixes ou dérivantes, dont les observations sont retransmises par satellite aux centres de prévision.

→ Orage

Trouble atmosphérique de nature électrique, caractérisé par des éclairs, qui provoque indirectement le tonnerre. L'orage n'est associé qu'aux nuages du type cumulonimbus et entraîne de violentes averses de pluie ou de grêle (10 % des cas).

→ Ozone

Variété triatomique de l'oxygène, qui se forme par la photodissociation de l'oxygène moléculaire sous l'action du rayonnement solaire de courte longueur d'onde. Il joue un rôle capital en filtrant les rayons ultraviolets du soleil. Sa concentration varie en fonction de l'altitude : elle atteint un maximum vers 25-30 km. Dans la basse atmosphère, au niveau du sol, l'ozone joue en revanche un rôle négatif, puisqu'il compte parmi les polluants de l'atmosphère agissant sur la santé humaine.

→ Photométéore

Phénomène lumineux siégeant dans l'atmosphère et provoqué par les réflexions ou les réfractions de la lumière solaire, sur ou dans des gouttelettes d'eau ou des cristaux de glace en suspension dans l'atmosphère. Les principaux sont l'arc-en-ciel, la couronne et le halo.

→ Pluie

Hydrométéore qui intervient dès que les gouttelettes d'eau d'un nuage se fondent entre elles, devenant des gouttes trop lourdes pour pouvoir être supportées par les courants ascendants qui existent sous le nuage. Toute pluie est en réalité le résultat de la fonte de flocons de neige pendant leur chute. Il faut cependant que la goutte « survive » à l'évaporation qui se produit sous le nuage pendant la chute. Ces gouttes ont de 0,5 à 2 mm de diamètre. Dans les nuages de basse et de moyenne altitude, la pluie est un phénomène permanent, mais elle n'atteint pas toujours le sol (elle crée alors une virga). Les nuages donnent, sous forme de précipitations, beaucoup plus d'eau qu'ils n'en contiennent, car ils se renouvellent généralement sur place, à partir de la vapeur d'eau recyclée dans l'air.

→ Pluviomètre

Instrument météorologique servant à mesurer les précipitations (pluie, neige, grésil, grêle). Il a été inventé par le Britannique Towneley en 1677. C'est un collecteur placé dans un endroit dégagé au-dessus du sol, à une distance au moins double de la hauteur de l'obstacle le plus proche. Sa hauteur optimale au-dessus du sol est d'1 m.
Une hauteur d'eau recueillie d'1 mm signifie qu'après la précipitation, en l'absence de ruissellement, d'absorption ou d'évaporation, la hauteur d'eau serait d'1 mm, soit 1 litre par mètre carré.

→ Pluviosité

C'est la quantité de pluie tombée dans un lieu déterminé pendant un temps donné. La pluviosité annuelle moyenne à l'échelle du globe est légèrement supérieure à 1 m (1 130 mm). Mais ses variations sont considérables : dans certains endroits du Sahara, on ne compte que 5 jours de pluie par an et le désert d'Atacama, au Chili, peut ne pas voir une goutte d'eau pendant plusieurs années. Inversement, on enregistre annuellement plus de

8 000 mm de précipitations en Indonésie, où il pleut presque tous les jours.

→ Point de rosée

Température à laquelle il faut refroidir l'air pour obtenir un début de condensation.
Exemple : une masse d'air à 15 degrés contient 9,4 g de vapeur d'eau par mètre cube. Cet air n'est pas saturé puisque la quantité maximale admissible à cette température est de 12,8 g. Mais il le serait avec 9,4 g si la température était abaissée de 15 à 10 °C, cette dernière valeur correspondant au point de rosée.

→ Pression atmosphérique

Force exercée par le poids d'une colonne d'air partant du sol jusqu'à la limite de l'atmosphère.
Ce sont les savants italiens Galilée et Torricelli qui, dans la première moitié du XVIIe siècle, ont découvert que l'air était « pesant ».
La pression – surtout ses variations – se mesure à l'aide du baromètre. Pascal, faisant reproduire l'expérience de Torricelli au sommet du Puy-de-Dôme par son beau-frère, montra en 1648 que la pression atmosphérique diminue avec l'altitude. Laplace calcula ensuite sa loi de décroissance.
Cette décroissance est d'abord assez rapide (environ 1 mb tous les 10 mètres) mais n'est plus que de 1 mb tous les 20 m vers 6 000 m, et d'1 mb tous les 100 m entre 15 et 20 km d'altitude. De 76 cm de mercure au niveau du sol, la pression tombe ainsi à 10 cm au sommet de la zone météorologique qu'est la troposphère et à 2 mm seulement à l'altitude de plafonnement des ballons-sondes, vers 40 km.

→ Prévisions

Il est très difficile d'établir des prévisions météo du fait que l'atmosphère est un milieu turbulent, dans lequel interviennent un grand nombre de facteurs, pas toujours connus. Il se dépense dans le monde près de 10 milliards de francs par an pour les prévisions météo. Mais on estime que les économies réalisées grâce à elles sont 25 fois plus importantes !
Au début du XXe xiècle le Norvégien Bjerknes a formulé le premier grand principe de prévision du temps. C'est son fils, Jacob, qui proposa le schéma du front polaire pour expliquer la formation des dépressions.
Le « modèle norvégien » présente le contact entre air froid polaire et air chaud tropical comme une surface de discontinuité sur laquelle, par un mécanisme d'instabilité, se creusent les dépressions.
Actuellement, les prévisions sont sûres à 99 % sur 2 heures, à 90 % sur 24 heures, à 75 % sur 2 jours, à 60 % sur 3 jours et à 50 % sur 5 jours.
Au-delà de 5 jours, il y a donc une chance sur deux pour que le temps prévu ne survienne pas et il est par conséquent illusoire de faire des prévi-

sions dépassant 5 jours. Il y a seulement 30 ans, ce sont les prévisions à 48 heures qui avaient une chance sur deux d'être inexactes... L'amélioration a été très nette à partir de 1994, lors du passage du modèle Péridot à Arpège (modèles mathématiques de prévision numérique).

→ Psychromètre

Instrument météorologique constitué de deux thermomètres et servant à la mesure respective de la température de l'air sec et de l'air humide; la différence entre les deux valeurs donne le degré hygrométrique, la coïncidence de ces deux températures signifiant que l'air est saturé de vapeur d'eau (hygrométrie de 100 %). L'air est d'autant plus sec que l'écart entre ces deux températures est grand.

→ Radiosondage

La technique du radiosondage fut inventée en France en 1927.
Voir ballon-sonde.

→ Relevés météorologiques

Ensemble des données caractérisant l'atmosphère à un instant donné (vent, pression, température, hygrométrie, nébulosité, etc.) regroupées en cartes et en tableaux. Ces relevés doivent être effectués à heures fixes, dans de bonnes conditions (station correctement située) et à l'aide d'instruments bien étalonnés.

→ Rosée

Hydrométéore résultant de gouttes d'eau se déposant sur les surfaces froides par condensation de la vapeur d'eau contenue dans l'air. La rosée se forme le plus souvent durant les nuits d'été, par suite du refroidissement nocturne du sol, lorsque le ciel est dégagé; la déperdition de chaleur est alors plus importante.

→ Saisons

Elles résultent du fait que l'axe de rotation de la Terre est incliné de 23 degrés sur son orbite. Quand le pôle Nord est orienté vers le soleil, l'été règne dans l'hémisphère Nord ; les rayons solaires frappent alors plus directement le sol et les jours sont plus longs. Le 22 juin, le soleil est au-dessus du tropique du Cancer et les jours atteignent leur durée maximale. Au solstice d'hiver, c'est l'inverse et les jours sont très courts, tandis que l'été règne dans l'hémisphère Sud. Aux équinoxes (printemps, automne), les jours sont d'égale durée.

Les saisons apportent peu de changement au niveau de l'équateur, qui reçoit toujours à peu près la même quantité de chaleur, mais influent considérablement sur la climatologie des pays tempérés. Les saisons météorologiques ne coïncident cependant pas tout à fait avec les saisons astronomiques en raison d'un phénomène d'inertie thermique.

C'est ainsi que les températures moyennes passent par un minimum début février et un maximum fin juillet, avec un mois à un mois et demi de retard sur la date théorique.

→ Station météo

Il existe 3 600 stations météorologiques terrestres à travers le monde, dont 150 stations principales et 350 stations secondaires en France.
Il faut y ajouter les 80 navires spécialisés et les 5 000 navires marchands qui procèdent à des relevés bénévoles.

→ Surfusion

Phénomène permettant à l'eau de conserver son état liquide, même par une température inférieure à 0 °C, à condition que l'air soit pur et la pression atmosphérique suffisamment basse. L'eau peut rester liquide à –20 °C pour une pression réduite à 1,5 mb.

→ Température

Elle traduit le plus ou moins grand degré d'agitation des atomes et molécules à l'intérieur d'un corps. Sa mesure est fondée sur la dilatation de liquides ou de solides de référence (alcool, mercure, métaux).
n La plupart des pays ont aujourd'hui adopté l'échelle centigrade, imaginée par le Suédois Celsius en 1742. Dans cette échelle, le 0 correspond à la température de la glace fondante, la division 100 à la température de l'eau bouillante. Elle s'exprime en °C (C pour centigrade ou Celsius).

■ ENCORE UTILISÉE DANS LES PAYS ANGLO-SAXONS, l'échelle proposée par l'Allemand Fahrenheit, vers 1710-1715, est plus ancienne.
Le 0 correspond à la fusion d'un mélange de sel et de glace pilée, la division 100 à celle d'un début de fièvre chez l'homme.
Elle compte 180 divisions entre les deux états de l'eau (glace et vapeur).
Pour convertir en degrés centigrades une température exprimée en degrés Fahrenheit, il faut retrancher 32 à cette dernière valeur et multiplier le résultat par 5/9.
L'échelle Fahrenheit sera progressivement remplacée par l'échelle centigrade dans les pays anglo-saxons où elle est encore utilisée.

■ L'ÉCHELLE KELVIN (échelle des températures absolues) est employée par les physiciens.
C'est la seule échelle vraie, car elle permet d'effectuer des opérations algébriques sur les températures.
Les autres ne sont que des échelles relatives, dont les points d'origine ont été arbitrairement fixés.
Dans l'échelle Kelvin, le point 0 correspond à la valeur pour laquelle les atomes deviennent immobiles, c'est donc la plus basse température qui puisse être obtenue, puisqu'il n'y a aucun mouvement plus lent que l'immobilité totale!
Ce « zéro absolu » correspond à –273,15 °C (on retient habituellement la valeur arrondie de –273 °C) et on

parle de « kelvins » (non de « degrés kelvin »). La progression est ensuite la même que pour l'échelle centigrade : + 273 K pour 0 °C, + 373 K pour 100 °C, et ainsi de suite. Cette échelle n'est cependant pas d'un emploi très commode dans la vie courante.

→ Thalweg

Vallée de basses pressions, qui est comme un « doigt » de faibles pressions immiscé entre deux anticyclones.

→ Thermomètre

Instrument de mesure des températures, inventé en 1592 par Galilée. Les plus courants mesurent la température par la dilatation d'un liquide (mercure ou alcool coloré), mais il existe aussi des thermomètres métalliques (bilames) utilisables dans une gamme de températures plus étendue. L'alcool ne permet pas de descendre au-dessous de – 90 °C (il gèle) et le mercure ne permet pas d'aller au-dessus de + 357 °C (il bout). Les températures météorologiques restent bien à l'intérieur de ces limites.

→ Tornades

Entonnoir nuageux tourbillonnant accroché à la base d'un cumulonimbus. Ces tourbillons d'une extraordinaire violence se forment à l'intérieur des orages étendus et violents, structurés en supercellules. La vitesse du vent à l'intérieur est supérieure à celle d'un cyclone : elle a dépassé 400 km/h dans quelques cas rarissimes.
La vitesse de déplacement est en revanche suffisamment lente (40 à 50 km/h) pour que l'on puisse la distancer en voiture.
Les dommages provoqués sont dus également aux pressions extrêmement basses (150 mb, ce qui équivaut à une augmentation d'altitude instantanée de 13 000 mètres !) qui règnent au centre, du fait des forces centrifuges qui empêchent l'air d'y pénétrer. Sur la face intérieure d'une vitre, la surpression dépasse une tonne et fait exploser la vitre !

→ Trombes

Elles sont l'équivalent marin des tornades terrestres. La basse pression de l'entonnoir aspire l'eau, la faisant remonter jusqu'au nuage d'origine. Elles ne durent pas longtemps (20 minutes maximum) et sont moins violentes que les tornades. On en observe au large des côtes de Floride ; leur diamètre est de l'ordre de 20 mètres.
Fréquentes également près des côtes méditerranéennes, les trombes sont peu dangereuses mais spectaculaires, elles peuvent prendre alternativement le double caractère d'une trombe et d'une tornade, en survolant alternativement des étendues liquides et la terre ferme.

→ Tropopause

Limite entre la troposphère et la stratosphère. Son altitude varie de

8 kilomètres au-dessus des pôles à 17 kilomètres au-dessus de l'équateur. À ce niveau, la température est respectivement de – 55 °C et de – 85 °C.

→ Troposphère

Couche météorologique située entre le sol et le début de la stratosphère, dans laquelle se déroulent pratiquement tous les phénomènes météorologiques.

→ Turbulence

Le moindre obstacle au sol est source de turbulence de l'air, gêné dans son déplacement, exactement comme le courant d'une rivière provoque des remous.
Un relief accidenté, avec des montagnes ou des collines, des agglomérations ou des forêts, engendre donc de la turbulence, qui se caractérise par des tourbillons horizontaux proches du sol, entraînant eux-mêmes des courants ascendants et descendants.
Cette turbulence est d'autant plus importante que le vent est rapide. En montagne, les effets peuvent être dramatiques : le vent qui suit le relief, après avoir passé le sommet, redescend en formant des tourbillons « rabattants », susceptibles de provoquer la mort de parapentistes.

→ Vent

Courant d'air créé entre deux masses d'air de température, donc de pression différente.
Ce courant d'air se dirige des hautes pressions vers les basses pressions, mais son trajet ne s'effectue pas en ligne droite en raison du mouvement de rotation de la Terre (force de Coriolis) et des interactions avec le relief.
Les rafales dans les tempêtes peuvent atteindre 150 km/h pour un vent moyen de 115 km/h, ou 100 km/h pour un vent moyen de 70 km/h. Les rafales supérieures peuvent ainsi excéder de 25 % à 50 % la vitesse du vent moyen.
Il existe des vents réguliers (alizés), saisonniers (moussons) et locaux (mistral, tramontane, autan, fœhn).

→ Virga

Pluie qui s'évapore avant d'avoir atteint le sol. Fréquente sous les altocumulus.

→ Vortex

Entonnoirs d'air tourbillonnant, plus petits et bien moins intenses que les tornades. Ils se forment souvent au ras du sol lorsque celui-ci subit un réchauffement rapide.
À la différence des tornades les vortex ne sont pas issus d'orages, mais de courants d'air ascendants produits par le réchauffement du sol.

Annexes

Adresses

ASSO (Société météorologique de France)
Elle entend promouvoir la connaissance de l'environnement atmosphérique par l'éducation, la formation et l'information.
1, quai Branly.
75340 Paris Cedex 07.
Tél. : 01 45 56 73 64.
Fax : 01 45 56 73 63.

OMM (Organisation météorologique mondiale)
Bureau d'information :
Case postale 2300,
1211 Genève 2 (Suisse).
Tél. : (41) 22 73 08 314/5.
Fax : (41) 22 73 42 326.

Météo-France
Direction générale :
1, quai Branly,
75340 Paris Cedex 07.
Tél. : 01 45 56 73 64/71 84.
Fax : 01 45 56 73 63.
Consultation des prévisions météo et librairie :
2, avenue Rapp, 75007 Paris.

Publications

Librairie Météo-France à Paris
2, avenue Rapp,
75007 Paris.
Horaires : du lundi au vendredi de 9 h à 17 h.
La librairie Météo-France propose une sélection de publications :

- livres de vulgarisation,
- ouvrages techniques ou de recherche,
- cours et manuels de l'École nationale de la météorologie,
- atlas climatique de la France,
- bulletins climatiques (annuels et mensuels) indiquant les événements marquants de l'année écoulée ou les caractéristiques du mois,
- *Météo Hebdo* (temps de la semaine en cartes et commentaires),
- revues trimestrielles : *La Météorologie* (revue sur la recherche atmosphérique et la météorologie opérationnelle) et *Met-Mar* (revue sur la météo marine),
- posters d'images-satellite (formats 60 x 60 cm et 60 x 80 cm), photos et diapositives (images-satellite, nuages, cristaux de neige),
- logiciels de données climatologiques,
- guides Marine, Avalanches, Montagne, Aviation, Promenades météorologiques en France.

Guide Marine
De petit format (10 x 21 cm), il est diffusé gratuitement dans tous les centres départementaux de Météo-France (coordonnées sur le Minitel 3615 MÉTÉO). Destiné aux professionnels de la mer et aux plaisanciers. Mis à jour chaque année, il indique comment s'informer de la situation météo et de son évolution. Les rubriques « Près des côtes » et « Au large » recensent l'ensemble des émetteurs et des radios qui délivrent de l'information météo selon la zone où l'on se trouve ; ils indiquent le canal et l'heure de diffusion. La rubrique « Au port » propose de consulter les différents services (vocaux et télématiques) de Météo-France avant un départ en mer. Ils proposent des bulletins pour le rivage, la côte, ou le large. Ils offrent également des bulletins « funboard » (vent mesuré et évolution pour tous les « spots » du département). L'échelle Beaufort et l'échelle d'état de la mer sont également spécifiées.

■ Services Météo-France
(télématiques et téléphoniques)

Accès à tous les services
Depuis le 17 octobre 1997, le 08 36 68 08 08 composé sur un téléphone à touches permet, par un serveur vocal, l'accès à toutes les prévisions de Météo-France (nationale, régionale, montagne, marine, aviation, Dom-Tom...).

Prévision régionale
En composant sur Minitel le 3615 MÉTÉO, ou par téléphone le 08 36 6 8 02, plus les deux chiffres correspondant au numéro minéralogique du département choisi, par exemple : 08 36 68 02 29 pour le Finistère, on obtient des prévisions sur les 5 jours à venir (voir Leçon 7).

Prévision montagne et neige
Composer le 08 36 68 04 04.

Prévision marine
Sur le répondeur téléphonique 08 36 68 08 08, on trouve :
- les bulletins pour les zones du large,
- les avis de grand frais, coup de vent ou tempête,
- la situation générale et son évolution,
- les prévisions pour les 5 jours à venir sur l'un des trois domaines maritimes (Manche et mer du Nord, Atlantique, Méditerranée).

Sur le répondeur téléphonique 08 36 68 08, numéro auquel on ajoute les deux chiffres correspondant au numéro minéralogique du département, on trouve le bulletin « rivage » ou le bulletin « côte » du département choisi, sur une bande côtière large de 20 milles nautiques (37 km), allant de la frontière belge à la frontière espagnole, de Port-Vendres à Menton et à la Corse. Ils comprennent des avis de grand frais, coup de vent ou tempête, une description de la situation générale, une prévision à 24 heures et la tendance ultérieure. Le bulletin « rivage » est une prévision à 5 jours pour le littoral du département concerné. Il contient des informations complémentaires adaptées aux activités nautiques locales, telles que les horaires des marées, les observations des sémaphores, la température de l'eau de mer, les conditions pour le surf...

Neptune

Météo-France propose depuis 1993 un service élaboré de prévision et de diffusion de données numériques en mer. Conçu par le Service Central d'Exploitation de la Météorologie (SCEM), Neptune est un serveur de données numériques couvrant toutes les mers du globe.

Cet outil de traitement et de décision en météorologie marine est adapté à toutes navigations hauturières (plaisance, courses, marine marchande, pêche). Les données sont acheminées via le réseau international de satellites maritimes INMARSAT et réceptionnées à bord sur des terminaux Macintosh ou PC. Le micro-ordinateur embarqué se charge ensuite, à l'aide de logiciels spécifiques (MaxSea ou NautiSoft), de décoder, mémoriser et visualiser les informations sous forme de cartes, d'animations ou de simulations :

- pression et vent (vitesse, direction), prévisions jusqu'à 5 jours,
- houle (amplitude, direction et période), prévisions jusqu'à 5 jours,
- fronts et isobares, analyse et prévisions jusqu'à 3 jours,
- température de surface de la mer, analyse.

Neptune « spécial-pêche », destiné aux professionnels de la pêche, propose un abonnement sur la zone Irlande-Gascogne pour la réception automatique et quotidienne de sept cartes météo. Les informations sélectionnées sont accessibles directement via satellite sur un ordinateur de bord.

Neptune « Point à Point » est un service personnalisé établi pour les traversées transocéaniques ou les grandes courses sur toutes les mers du globe. Quatorze des seize skippers participant au Vendée-Globe 97 ont utilisé des données Neptune.

Navifax

C'est la météo marine sur télécopieur (05 61 07 85 55). Destiné aux marins, pêcheurs et plaisanciers, ce service permet à ses abonnés de recevoir, depuis juin 1996, sur un télécopieur, les informations météorologiques de leur choix, à tout moment et où qu'ils se trouvent. Équipement requis : un téléphone (pour accéder au serveur vocal) et un télécopieur (pour la réception des télécopies) branchés sur la même ligne téléphonique. Les abonnés composent le numéro de Navifax, puis leur code client. Le serveur vocal indique les instructions à suivre pour sélectionner et commander les documents désirés, puis les transmet directement sous forme de télécopies. Il est également possible d'utiliser le télécopieur seul, configuré en fréquence vocale. Il suffit de composer le numéro de Navifax sur le clavier du télécopieur. Le catalogue Navifax comporte tous les produits classiques de prévision marine de Météo-France : les bulletins « côte », « large » et « grand large », les « avis de vent fort » (BMS : Bulletins Météorologiques Spéciaux), les cartes des fronts et des isobares, les cartes des vents et d'état de la mer. Il offre également des produits spécifiques : cartes détaillées sur la Manche, le golfe de Gascogne et la Méditerranée, assemblages sur une même page de cartes et de prévisions à différentes échéances sur ces mêmes zones. Les abonnés peuvent commander des dossiers (ensemble d'informations réunies sur une période donnée) ou des documents particuliers sur demande.

Rivatel

C'est un système d'affichage terrestre d'informations météorologiques marines. Au catalogue: animations d'images-satellite, observations provenant des stations terrestres de Météo-France, cartes météo, bulletins «côte», «large» et «rivage» pour la Méditerranée, bulletins «large» pour l'Atlantique et la Manche.
Les informations sont acheminées directement par Météo-France via satellite et diffusées sur un terminal PC. Les informations sont réactualisées automatiquement et en temps réel, en particulier les avis de coups de vent. Rivatel propose aux bureaux de ports, capitaineries et à leurs publics un accès direct, simple et permanent à l'information météo marine pour la navigation côtière.

Météo pour les aviateurs

Le renseignement météo pour l'aviation générale, le vol à voile et le vol libre (deltaplane, parapente) est assuré par le magazine télématique 3614 Métar par le système de diffusion de télécopies Aérofax et par les nouveaux services de répondeurs téléphoniques: 08 36 68 10 13/14.
Aérofax (05 61 07 84 85) est un service accessible 24 h sur 24 à tous les pilotes équipés d'un télécopieur disposant d'un clavier à touches. Mais il faut posséder un code d'accès confidentiel (délivré gratuitement par Météo-France) pour consulter le magazine Métar. Adresser une demande écrite (accompagnée d'une photocopie de la licence de pilote) à SCEM, 42 avenue G. Coriolis, 31057 Toulouse Cedex.
Météo-France, grâce à son système de diffusion par satellite (Rétim), met aussi à la disposition des compagnies aériennes les éléments météo nécessaires à la préparation des vols. Un terminal (Aéromet) est dédié au secteur aéronautique. C'est un système de réception par satellite et de distribution des dossiers météo destiné à l'aviation commerciale; il peut aussi répondre aux besoins des grands aéroclubs.
Pour les compagnies aériennes ayant des besoins moins importants, un serveur de télécopies (Aérocarte) permet d'obtenir, à partir d'un simple télécopieur la même documentation de vol. Enfin, Météotel Aéronautique, système de visualisation d'images provenant de satellite et de radar, aide les compagnies aériennes et les gestionnaires d'aérodromes à mieux comprendre la situation météo et apporte un complément d'information avant le vol.

Météo dans les Dom-Tom

08 36 68 02 00. Ce répondeur donne les conditions météorologiques observées dans les départements et territoires d'outre-mer. En cas de risque de cyclone, ces bulletins sont réactualisés aussi souvent que la situation l'exige.

■ Pour découvrir la météo

Cité des Sciences et de l'Industrie
Sur 30 000 m², l'espace Explora de la Villette explique les interactions de l'atmosphère avec l'océan et remonte le temps à la recherche des climats du passé. Un atelier de prévision permet une initiation aux techniques utilisées par les météorologistes. Ouvert tous les jours.
30, avenue Corentin-Cariou,
75019 Paris.
Tél. : 08 36 68 29 30.

Croiseur Colbert
De la passerelle aux machines. À ne pas manquer : le poste du météo à côté du radio.
Quai des Chartrons
33000 Bordeaux.
Tél. : 05 56 44 96 11.

Océanopolis
Centre de culture scientifique, technique et industrielle. Présente la météorologie et ses applications maritimes : prévision, modélisation, climatologie, assistance à la navigation et à la pêche.
Port du Moulin-Blanc,
29275 Brest.

Nausicaa, Centre national de la mer
C'est le plus grand complexe consacré à la mer et à sa gestion. Le centre départemental de Météo-France y propose une exposition déclinant sur 200 m² les différents aspects de la météorologie : observation, prévision, climatologie avec quelques repères historiques. Visite complétée par les images de la situation météo du jour.
Boulevard Sainte-Beuve,
BP 189, 62203 Boulogne-sur-Mer.
Tél. : 03 21 30 99 99.

Maison de l'Air
Une salle initie au temps qu'il fait : manipulation d'instruments, reconnaissance des nuages, interprétation d'images-satellites.
Parc de Belleville, 27, rue Piat,
75019 Paris.
Tél. : 01 43 28 47 63.

Palais de la Découverte
Planète Terre, salle consacrée à la météorologie et à la climatologie.
Avenue Franklin-Roosevelt,
75008 Paris.
Tél. : 01 40 74 80 00.

Musée maritime Neptunéa
La frégate France-1, ancien navire météorologique, permet de revivre l'histoire de la météo. Présentation d'images-satellite.
Quai Louis-Prunier,
17000 La Rochelle.
Tél. : 05 46 28 03 00.

Sommet du Puy de Dôme
Ce site volcanologique est aussi un site historique pour la météorologie, car on y effectua la première mesure de décroissance de la pression avec l'altitude. Au sommet du Puy de Dôme : exposition consacrée aux sciences de la

nature où, sur les traces de Pascal, on peut comparer les mesures de la pression atmosphérique au sommet avec celles de l'Auvergne, de la France ou de l'Europe. Présentation d'instruments actuels et d'images-satellite reçues en direct, avec bulletins de prévision du jour.
À pied : à partir du col de Ceyssat (1 heure de marche).
Par la route (péage) : en juillet-août navette obligatoire.
Ouvert de 11 h à 18 h.
Tél. : 04 73 62 21 46.

Muséum d'histoire naturelle

Situé dans la Citadelle de Vauban, à Besançon, le Muséum présente la météorologie à travers l'exposition « La tête dans les nuages », qui explique la démarche du météorologiste. Station de mesure et réception satellite.
Rue des Fusillés,
25000 Besançon.
Tél : 03 81 65 07 40.

Observatoire du Mont-Aigoual

C'est l'une des 240 stations de Météo-France sur le territoire métropolitain. La station du Mont-Aigoual n'est pas seulement un centre d'observation météo : les conditions y sont si dures que l'on y teste des anémomètres ou des pluviomètres destinés à équiper les stations météorologiques du monde entier. Dans ce site aux conditions climatiques extrêmes, des météo font découvrir leur métier, les instruments, les cartes, les statistiques climatologiques et l'ambiance d'une station d'altitude. Exposition sur le thème du vent et de l'eau. Réception d'images-satellite. Musée de la météo.
30570 Valleraugue.
(à 100 km de Montpellier, Nîmes ou Millau).

Musée de la foudre et de l'orage

Entre la chaîne des Monts-Dore et des monts du Cantal, sur le plateau du Cézallier. On y découvre le mystère et la beauté des orages. Photos, films et effets spéciaux décrivent les phénomènes orageux. Présentation d'une spectaculaire collection d'objets foudroyés.
15190 Marcenat (par Allanche).
Tél. : 04 71 78 85 00.

■ Les métiers de la météo

La météorologie couvre de nombreux domaines, de la physique de l'atmosphère à la prévision numérique sur ordinateur, en passant par l'interprétation des renseignements obtenus par les satellites et la climatologie.
Météo-France emploie 3 500 personnes environ, dont 2 800 techniciens et ingénieurs. Ils ont été formés à l'École nationale de la météorologie (ENM) à Toulouse. Le recrutement se fait au niveau des baccalauréats scientifiques pour les techniciens, des classes préparatoires aux grandes écoles pour les ingénieurs. Des concours permettent la promotion interne, à tous les niveaux.
Les élèves sont recrutés par concours, et formés en tant que fonctionnaires stagiaires à l'ENM. L'enseignement est

complété par divers stages dans les services opérationnels de Météo-France. L'école reçoit annuellement autant de stagiaires en formation permanente que d'élèves en formation initiale. À côté des formations initiales des corps techniques de la météo et des spécialistes météo de la marine et de l'air, la palette s'est enrichie d'autres catégories de formation : des formations spécialisées longues, suivies chaque année par une quarantaine de météorologistes étrangers.

Il existe une formation de base en météorologie pour les usagers : il s'agit d'une formation avec le CNED (Centre national d'enseignement à distance), qui peut s'adresser à un vaste public, ou être personnalisée pour permettre l'interprétation des informations fournies par un service météorologique professionnel.

Sont intéressés par une formation plus spécialisée ou ciblée : les conseillers agricoles des chambres d'agriculture (sensibilisation à l'agrométéorologie), EDF (pour l'interprétation de situations neigeuses), le CEA (sensibilisation à des phénomènes météo locaux), le CNES (sensibilisation aux phénomènes météo pour le lancement de ballons), ou les skippers des grandes courses océaniques (prévisions marines spécifiques). Cette formation se déroule d'octobre à mars et nécessite environ 150 heures de travail. Elle est validée par un certificat en cas de réussite à un examen de contrôle. Quelque 300 personnes suivent cette formation chaque année.

Renseignements sur les concours d'élèves-fonctionnaires et sur la formation :
École nationale de la météorologie,
42, avenue Coriolis,
31057 Toulouse-Mirail.
Tél. : 05 61 07 90 90.

Achevé d'imprimer en janvier 1998
sur les presses de Artes Graficas, à Tolède.

Dépôt légal : février 1998

Imprimé en Espagne

D.L.TO: 65-1998